KB194915

대학 기초

물리학 실험 II

P YSICS EXPERIMENTS

황성태 | 김상현 지음

북스힐

현대 과학과 기술의 발달은 우리가 살아왔던 세계를 뛰어넘어 삶의 방식을 근본적으로 바꾸어 놓을 여명의 문턱에 도달해 있습니다. 4차 산업혁명 시대를 살아갈 학생들에게는 기초과학과 첨단기술에서 요구되는 물리학의 명확한 개념과 과학적 접근 방법을 배우는 과정은 무척이나 중요한 일일 것입니다. 4차 산업은 물리학과 생물학 그리고 디지털 기술의 융합에 뿌리를 두고 있기 때문입니다.

최근 들어 대학교 교육과정 또한 다가올 새 시대를 살아갈 학생들을 위하여 다양한 형태로 변화하고 있습니다. 본 저서도 인류가 경험했던 시대와 전혀 다른 새로운 시대를 살아갈 여러분들에게 미약하나마 도움을 주고자 집필을 시작하였습니다. 본 저서의 실험구성은 대학에서 기초과목으로 배우는 일반물리학 이론 중에서 핵심적인 원리와 법칙만을 간추려 간단한 실험 장비들을 이용하여 확인해 볼 수 있도록 구성하였습니다. **자연과학과 공학은 실험을 바탕으로 발전된 학문이기 때문에 실험적 확인은 매우 중요한 학업과정입니다. 여러분들은 실험을 바탕으로 근본 원리와 법칙에 대하여 통찰해 보아야 합니다.**

본 저서의 실험구성은 다음과 같습니다. 1장은 측정 장비 사용 방법에 대해서 알아봅니다. 2장부터 5장까지는 전기현상에 대한 주요 실험입니다. 전하측정, 전기력, 전기장, 전위차에 대한 실험을 수행합니다. 6장은 전자소자 중에서 수동소자인 저항을 이용하여 회로의 기본구조를 익힙니다. 7장과 8장은 자기현상에 대한 이해로 자기력과 자기장을 측정해 보고 이론과 비교해 봅니다. 9장은 Faraday가 구상한 혁명적 실험이었던 '전자기 유도'에 관하여 탐구해 봅니다. 10장에서는 교류회로를 공부해보고 리액턴스와 임피던스를 측정해 봅니다. 11장부터 12장은 눈에 보이는 전자기파인 빛에 관한 실험을 수행합니다. 반사와 굴절의 법칙, 렌즈가 만드는 상을 실험적으로 구현해 봅니다. 그리고 13장에서는 역사적 논쟁거리인 '빛의 본성은 무엇인가?'라는 질문에 대하여 처음으로 실험적으로 증명한 간섭과 회절에 관한 실험을 수행해 봅니다.

본 저서를 편찬함에 있어서 무엇보다도 중요 사항은 여러분들이 실험을 통하여 자연법칙을 직관적으로 이해하는 것입니다. 그래서 본문에는 **직관적인 이해를 도모하기 위하여 요약된 ppt 자료나 실험 사진 등 '시각화된 자료'를 많이 사용하였고 서술적 표현도 '최대한 단순화'** 시켰습니다. 그리고 학업에 도움을 주기 위하여 본인이 한성대학교에서 Flipped Learning 방식으로 수업을 진행하며 만들어 놓은 강의 동영상도 일부 QR코드와 함께 제공해 놓았습니다. 영상물 관련 저작권은 본 저자에게 있으나 학생들과 물리학적 지식이 필요한 분들께 조금이나마 도움을 드리고자 하는 것이 개인적인 바람입니다.

본 저서에 대한 수정사항이나 건의사항이 있으면 아래 메일주소로 보내 주시면 더 나은 교재를 집필하는데 반영하겠습니다. 본 저서를 출판하는 과정에서 많은 도움을 주신 북스힐 김동준 전무님, 이승한 부장님 외 관계자분들께 심심한 감사를 드립니다.

sthwang@hansung.ac.kr
코로나19 사태가 안정되길 바라며, 21년 8월 저자 씀

차례

PART I 　서론 : 기초 지식

PART II 　전자기학

PART III 광학

PART IV 부록

PART I

서론 : 기초 지식

1. 물리학 실험의 목적과 준비사항은 무엇인가?
2. 보고서는 어떻게 써야하는가?
3. SI 단위란 무엇인가?
4. 접두어란 무엇인가?
5. 유효숫자 계산은 어떻게 해야 하는가?
6. 측정오차 계산은 어떻게 해야 하는가?

1. 물리학 실험의 목적과 준비사항은 무엇인가?

물리학은 자연에서 일어나는 모든 현상의 근원이 되는 원리와 법칙을 실험과 이론을 통해서 찾아내는 학문이다. 따라서 물리학은 객관적 실증성과 수학적인 엄밀성을 지니고 있다. 그러므로 물리학은 다른 과학 분야와 공학 분야에 기초가 되는 중요한 학문이다. 이러한 물리학은 실험적인 관측과 정량적인 측정에 기초를 두고 있다.

1.1 물리학 실험을 배우는 목적

물리학에서 실험이 차지하는 비중은 막대하다. 대학에서 기초교과목으로 물리학 실험을 수행하는 목적을 아래와 같이 요약할 수 있다.

첫째, 이론에서 배운 기본 원리와 법칙을 실험을 통해 확인한다.
둘째, 실험 보고서 작성법을 익힌다.

1.2 실험 계획 수립

어떤 물리량을 측정하거나 현상을 확인하기 위하여 실험을 계획하는 경우, 그 방법과 장치가 정해져 있지 않을 뿐만 아니라 결과도 모르고 있는 경우가 보통이다. 따라서 실험자 본인이 타당한 방법과 알맞은 장치를 선정해야 하는데, 실험을 계획할 때는 아래 사항을 고려해야 한다.

첫째, 최종적으로 어떤 양을 측정하면 되는 것인지 고찰하고 측정대상을 명백히 한다.
둘째, 그러기 위해서는 어떤 물리량을 어느 정도 정확하게 측정하여야 할 것인가를
　　　분명히 정한다.
셋째, 이 목적을 위해서는 어떠한 측정법을 채택할 것인지, 그리고 어떠한 측정 장비가
　　　필요한가를 고찰한다.

1.3 실험을 시작하기 전에 알아두어야 할 사항

대학에서 진행하는 물리학 실험 수업 있어서 실험목적과 실험방법 그리고 실험장비가 미리 정해져 있기는 하나, 실험에 있어서 어떤 이유로 이와 같은 방법과 장치가 채택되었는

지 고찰해 보는 것을 잊어서는 안 된다. 이와 같은 고찰이 없는 실험은 소용없는 것임을 강조해 둔다.

1) 실험실에서 지켜야 할 태도

처음 물리학 실험실에 들어서서 각종 장치와 기구들을 보면 매우 생소한 느낌이 드는 것은 당연하다. 이러한 느낌을 극복하고 적극적으로 실험에 참여하여 좋은 실험 결과를 얻기 위해서는 다음의 순서에 따라서 실험을 수행하는 것이 좋다.

첫째, 한 학기 동안 각 조별로 수행할 실험의 목차는 첫 시간에 대개 주어지므로 다음 주에 수행할 실험의 내용을 교재에서 찾아서 자세히 읽어 본다.

둘째, 실험을 수행하기 전에 실험 내용에 대하여 같은 조원들이 서로 협의 한다.

셋째, 실험 장치를 작동하기 전에 사용상 주의 사항에 대하여 자세히 읽어 본다.

넷째, 작동 방법이 이해가 되지 않는 부분은 담당교수님께 문의하고 함부로 조작하지 않는다.

다섯째, 별도의 실험 노트를 준비하여 실험에 관련된 사항과 조원들과의 토의 사항, 실험 결과 등을 자세히 기록해 둔다.

여섯째, 실험이 완료되면 결과보고서 양식에 측정 결과를 정리하고, 결과가 이상하면 다시 실험을 수행한다.

2) 실험실에서 지켜야 할 안전 수칙

- 전원 장치에 연결되어있는 피복이 노출된 전선 및 금속 부위를 맨손으로 만지지 말아야 한다. 물리학 실험에서는 안전을 위하여 낮은 전류와 전압을 사용하나 일부 실험에서는 1000V에 가까운 전압을 사용한다. 따라서 안전을 위하여 설치한 아크릴 박스를 임의로 열고 장치를 함부로 조작하는 행위는 절대 금지다.

- 실험이 완료되면 장비의 스위치를 끄고, 콘센트에서 실험 장치에 연결된 플러그를 뽑아 둔다.

2. 보고서는 어떻게 써야하는가?

2.1 실험 보고서 양식과 작성 요령

실험 보고서를 쓰는 이유는 실험 결과를 다른 사람에게 알리기 위해서이다. 우수한 실험 보고서를 작성하기 위해서는 아래 사항을 고려해야 한다.

첫째, 최소의 지면에 최대의 정보가 포함되어 있어야 한다.
줄째, 논리적으로 알기 쉽게 작성되어야 한다.
셋째, 수정 및 교정과정을 반드시 거쳐야 한다.

최소의 지면에 필요한 정보가 다 포함되어 있어야 한다는 것은 최소의 단어가 필요한 정보를 설명하는 것을 말하며 글씨를 적게 써서 지면을 줄이는 것은 뜻하는 것은 아니다.
좋은 실험 보고서를 작성한다는 것은 힘든 일이다. 전문적인 학술지에 실려 있는 연구논문들도 학술지에 실리기 전에, 최소의 지면에 간결하며 읽고 이해하기 쉽게 작성되었다고 할 때까지 여러 번 수정하는 것이 보통이다. 대학 물리실험에서는 전문적인 학술지에 실릴 수 있는 연구논문 정도의 보고서를 요구하는 것은 아니나, 적어도 알맞은 방법으로 실험 보고서가 작성되어야 한다.
실험 보고서를 작성할 때에 특히 유의해야 할 점은 실험분석이 완전히 끝난 후에 보고서를 작성해야 한다는 것이다. 분석이 되고 있는 과정에서 작성된 보고서를 종종 볼 수 있는데, 이런 보고서들은 최종 실험 보고서라기보다는 기록 노트와 같은 인상을 준다. 그래프, 도표, 계산 등의 모든 것이 기록된 노트에는 잘못된 것도 있을 것이고, 또 삭제해야 할 부분도 있을 것이므로 분석이 완전히 끝난 후에 필요한 실험 자료, 그래프, 도표, 계산 등을 정리해서 실험 보고서를 작성해야 한다. 대학 물리실험에서 물리량을 측정하는 시간은 보통 1~2시간이지만 여기서 얻어진 결과를 분석하는 데는 좀 더 많은 시간이 필요하다는 것을 알아야 한다. 실제 연구실험에 있어서는 2~3개월 동안에 얻어진 측정 결과를 분석하는 데 일 년 이상이 걸리는 경우도 많다.

2.2 실험 보고서 양식에 들어갈 사항

실험 보고서는 일정한 양식을 따른다면 작성되고 읽혀지기도 쉽다. 하지만 공통 양식은 없으며, 양식은 연구소, 학교, 사람, 과목에 따라 상당히 다르다. 따라서 대부분 대학 물리실험에서 흔히 사용하고 있으며 읽기 쉽게 실험 보고서를 작성하는 다음과 같은 양식을 권장한다.

〈서론〉

실험목적과 결과를 한 문단으로 간단하게 작성한다.

〈본론〉

① 이론

실험에 관한 이론 또는 원리를 요약해서 작성한다.

- 사용되는 방정식들을 모두 유도할 필요는 없다. 문제의 윤곽과 실험과 관련되어 사용되는 기본 방정식들을 요약한다.
- 수식에 의한 오차가 있다면 기술한다.
- 이론 또는 원리에 필요하다면 그림을 그려 설명하는 것도 좋다.

② 실험 기구 및 장치

실험 장치의 원리와 동작 및 사용법을 명료하게 기록한다. 그림을 그려서 설명하는 것이 효과적이다.

- 어떠한 기구 및 장치들이 어떻게 사용되는가를 설명한다.
- 사용되는 기계·기구 및 재료의 이름은 물론 측정에 도움이 되는 장치에 대한 지식을 적는다.
- 실험에서 장치가 어떻게 설치되었으며 유용한 측정값을 얻기 위한 장치의 사용 기술은 무엇인가를 설명한다.

③ 실험방법

실험 보고서를 작성한 사람에게는 분명하게 보이는 측정방법들이 보고서를 읽는 독자에게는 명백하게 이해되지 않는 경우가 많다. 따라서 읽는 사람들은 실험이나 실험 기구에

익숙해 있지 않다는 가정하에 실험방법을 작성해야 한다.

④ 실험 결과

• 측정값

실험이 어떻게 수행되었으며 각각의 물리량들이 어떻게 측정되었고, 여러 가지 오차를 줄이거나 제거하기 위해서 어떻게 했는가를 요약해서 쓴다. 필요한 계산의 요약과 도표들을 포함 시킬 수 있다.

• 실험값 계산

실험 과정에서 행하여진 계산과 오차를 기록한다. 실험식과 그래프 등을 이 항목에 넣을 수 있다.

⑤ 결과분석 및 토의

이 항목의 내용으로 실험의 가치가 결정된다고 할 정도로 중요한 부분이다. 실험 결과를 실험자 스스로가 어떠한 편견이나 선입견을 버리고 냉철하게 객관적으로 분석 비판해서 작성한다.

⟨결론⟩

실험 보고서를 처음부터 읽지 않고서도 이 실험 결과란 만을 읽고서 실험 결과를 이해하고 판단할 수 있도록 실험의 요지와 결과를 간단하고 명확하게 요약해서 작성한다.

⟨참고 문헌⟩

실험을 수행할 때 필요해서 인용한 각종의 표준값과 문헌의 출처를 적는다.

3. SI 단위란 무엇인가?

개념이해	개정된 SI단위
URL	https://youtu.be/YlM6xVcU-4Q

◆ 개정된 SI 단위

[BIPM 제공]
www.bipm.org/en/si-download-area/graphics-files.html

물리량	명칭	기호
길이	미터(meter)	m
시간	초(second)	s
질량	킬로그램(kilogram)	kg
전류	암페어(ampere)	A
열역학적 온도	켈빈(kelvin)	K
물질의 량	몰(mol)	mol
광도	칸델라(candela)	cd

➢ 초(s): 1초는 온도가 0K인 세슘-133 원자의 바닥 상태에 있는 두 초미세 준위 사이의 전이에 대응하는 복사선의 9 192 631 770 주기의 지속 시간이다.

➢ 미터(m): 1미터는 빛이 진공에서 1/299 792 458 초 동안 진행한 경로의 길이이다.

➢ 킬로그램(kg): 1킬로그램은 질량의 단위이며 플랑크 상수 h 가 정확히 6.626 070 15×10^{-34} J·s (J = kg·m^2·s^{-2})이 되도록 하는 값이다.

[참조 :위키백과, 표준과학원]

SI란 불어 Le Systeme International d'Unites에서 온 약어로 "국제단위계"를 나타낸다. 이는 현재 세계 대부분의 국가에서 채택하여 국제공동으로 사용되고 있는 단위계이며, 우리가 "미터계"(또는 "미터법")라고 부르고 사용해 온 단위계가 현대화된 것이라고 생각하면 된다. "국제단위계"라는 명칭과 그 약칭 "SI"는 1960년 제11차 국제도량형총회(CGPM)에서 채택 결정된 것이다.

이러한 역사를 가지고 있는 SI 단위는 2018년 11월 16일 프랑스 베르사유에서 개최된 제26차 국제도량형총회에서 네 가지 기본단위가 재정의 되었다. 재정의 된 기본 단위는 킬로그램(kg), 암페어(A), 켈빈(K), 몰(mol)이고, 세계측정의 날(WMD, World Metrology Day)인 2019년 5월 20일부터 공식 시행된다. 세계측정의 날이란 프랑스 파리에서 1875년 5월 20일 17개국이 미터협약을 체결한 것을 기념하여 지정한 날로, 매년 각국의 표준기관들이 세계측정의 날에 단위와 표준의 중요성을 알리고자 행사를 개최하고 있다.

제26차 국제도량형총회(2018년 11월 16일, 프랑스 베르사유) 기본단위 중 킬로그램(kg),
암페어(A), 켈빈(K), 몰(mol) 등 단위에 대해 최종 의결함

[사진 제공: 한국표준과학 연구원]

3.1 SI 단위

기본단위의 정의는 한국표준과학연구원(www.kriss.re.kr)의 정의를 따랐다.

1) 시간의 단위 (초, 기호: s)

초(기호: s)은 시간의 SI 단위이다. 초는 세슘-133 원자의 섭동이 없는 바닥상태의
초미세 전이주파수 Δv_{Cs}를 Hz 단위로 나타낼 때 그 수치를 9 192 631 770으로 고정함으
로써 정의된다. 여기서 Hz는 s^{-1}과 같다.

2) 길이의 단위 (미터, 기호: m)

미터(기호: m)은 길이의 SI 단위이다. 미터는 진공에서 빛의 속력 c를 $m \cdot s^{-1}$단위로
나타낼 때 그 수치를 299 792 458로 고정함으로써 정의된다. 여기서 초(기호: s)는 세슘
전이 주파수 Δv_{Cs}를 통하여 정의된다.

3) 질량의 단위(킬로그램, 기호: kg)

▷ 새로 제정된 정의

킬로그램(기호: kg)은 질량의 SI 단위이다. 킬로그램은 플랑크상수 h를 $J \cdot s$ 단위로 나타낼 때 그 수치를 $6.626\,070\,15 \times 10^{-34}$으로 고정함으로써 정의된다. 여기서 $J \cdot s$는 $kg \cdot m^2 \cdot s^{-1}$과 같고, 미터(기호: m)와 초(기호: s)는 c와 $\triangle v_{Cs}$를 통하여 정의된다.

4) 전류의 단위(암페어, 기호: A)

▷ 새로 제정된 정의

암페어(기호: A)는 전류의 SI 단위이다. 암페어는 기본전하 e를 C 단위로 나타낼 때 그 수치를 $1.602\,176\,634 \times 10^{-19}$으로 고정함으로써 정의된다. 여기서 C는 $A \cdot s$와 같고, 초(기호: s)는 $\triangle v_{Cs}$를 통하여 정의된다.

5) 열역학적 온도의 단위(켈빈, 기호: K)

▷ 새로 제정된 정의

켈빈(기호: K)은 열역학 온도의 SI 단위이다. 켈빈은 볼츠만 상수 k를 $J \cdot K^{-1}$ 단위로 나타낼 때 그 수치를 $1.380\,649 \times 10^{-23}$으로 고정함으로써 정의된다. 여기서 $J \cdot K^{-1}$은 $m^2 \cdot s^{-2} \cdot K^{-1}$과 같고, 킬로그램(기호: kg), 미터(기호, m)와 초(기호, s)는 h, c와 $\triangle v_{Cs}$를 통하여 정의된다.

6) 물질량의 단위(몰, 기호: mol)

▷ 새로 제정된 정의

몰(기호: mol)은 물질량의 SI 단위이다. 1 몰은 정확히 $6.022\,140\,76 \times 10^{23}$개의 구성요소를 포함한다. 이 숫자는 mol^{-1} 단위로 표현된 아보가드로 상수 N_A의 고정된 수치로서 아보가드로 수라고 부른다. 어떤 계의 물질량(기호: n)은 명시된 구성요소의 수를 나타내는 척도이다. 구성요소란 원자, 분자, 이온, 전자, 그 외의 입자 또는 명시된 입자들의

집합체가 될 수 있다.

7) 광도의 단위 (칸델라, 기호: cd)

칸델라(기호: cd)는 어떤 주어진 방향에서 광도의 SI 단위이다. 칸델라는 주파수가 $540 \times 10^{12}\,\text{Hz}$ 인 단색광의 시감효능 K_{cd} 를 $\text{lm} \cdot \text{W}^{-1}$ 단위로 나타낼 때 그 수치를 638으로 고정함으로써 정의된다.

여기서 $\text{lm} \cdot \text{W}^{-1}$ 는 $\text{cd} \cdot \text{sr} \cdot \text{W}^{-1}$ 또는 $\text{cd} \cdot \text{sr} \cdot \text{kg}^{-1} \cdot \text{m}^{-2} \cdot \text{s}^{3}$ 과 같고, 킬로그램 (기호: kg), 미터(기호, m)와 초(기호, s)는 h, c와 $\triangle v_{Cs}$ 를 통하여 정의된다.

표 1 SI 기본단위

물리량	명칭	기호
길이	미터(meter)	m
시간	초(second)	s
질량	킬로그램(kilogram)	kg
전류	암페어(ampere)	A
열역학적 온도	켈빈(kelvin)	K
물질의 량	몰(mol)	mol
광도	칸델라(candela)	cd

표 2 SI의 7개 정의 상수와 그들이 정의하는 7개 단위

정의 상수	기호	수치	단위
세슘의 초미세 전이 주파수	$\triangle v_{Cs}$	9 192 631 770	Hz
진공에서의 빛의 속력	c	299 792 458	$\text{m} \cdot \text{s}^{-1}$
플랑크 상수	h	$6.626\,070\,15 \times 10^{-34}$	$\text{J} \cdot \text{s}$
기본전하	e	$1.602\,176\,634 \times 10^{-19}$	C
볼츠만 상수	k	$1.380\,649 \times 10^{-23}$	$\text{J} \cdot \text{K}^{-1}$
아보가드로 상수	N_A	$6.022\,140\,76 \times 10^{23}$	mol^{-1}
시감효능	K_{cd}	683	lm W^{-1}

3.2 SI 보조단위(무차원 단위)

SI 단위계에는 2개의 보조단위가 있는데 라디안(rad)과 스테라디안(sr)이다. 이 2개의 단위는 기하학적으로 정의된 단위로 무차원 단위이다. 표 3에 보조단위의 명칭과 기호를 정리해 놓았다.

1) 라디안 (rad)

라디안(radian)는 한 원의 원둘레에서 그 원의 반지름과 같은 길이를 가지는 호의 길이에 대한 중심각이다. 다시 말해서 원의 반지름과 같은 길이의 원둘레에 대한 중심각이다. 예를 들어 직각은 $\pi/2$ rad이 되는데 원둘레는 반지름의 2π배이기 때문이다. 원 전체의 각은 2π rad이 된다.

2) 스테라디안 (sr)

스테라디안(steradian)은 반지름이 r인 구의 표면에서 r^2인 면적에 해당하는 입체각이다. 즉 공의 반경의 제곱과 같은 넓이를 가진 공의 표면에 대한 중심 입체각이다. 따라서 공의 전 표면적은 반지름 제곱의 4π배이므로 구 전체의 입체각은 4π sr이 된다.

표 3 SI 보조단위

물리량	SI 보조단위	
	명칭	기호
평면각	라디안	rad
입체각	스테라디안	sr

3) SI 유도단위

물리학에서는 경우에 따라 많은 유도단위를 만들 수 있으며 표 4와 같이 기본단위로만으로 표현된 경우와 표 5와 같이 보조단위를 사용한 경우 그리고 표 6과 같이 특별한 명칭을 가진 유도단위를 사용한 경우로 분류할 수 있다.

표 4 기본단위로 표시한 유도단위

물리량	SI 유도단위	
	명칭	기호
넓이	제곱미터	m^2
부피	세제곱미터	m^3
속력, 속도	미터 매 초	m/s
밀도, 질량밀도	킬로그램 매 세제곱미터	kg/m^3

표 5 보조단위로 표시한 유도단위

물리량	SI 유도단위	
	명칭	기호
각속도	라디안 매 초	rad/s
각가속도	라디안 매 초제곱	rad/s^2
복사도	와트 매 스테라디안	W/sr

표 6 특별한 명칭으로 표시된 유도단위

물리량	SI 유도단		
	명칭	기호	기본이나 보조단위 또는 다른 유도단위로 표시
힘의 모멘트	뉴턴 미터	$N \cdot m$	$m^2 \cdot kg \cdot s^{-2}$
표면장력	뉴턴 매 미터	N/m	$kg \cdot s^{-2}$
열용량, 엔트로피	줄 매 켈빈	J/K	$m^2 \cdot kg \cdot s^{-2} \cdot K^{-1}$
전자기장의 세기	볼트 매 미터	V/m	$m \cdot kg \cdot s^{-3} \cdot A^{-1}$

4. 접두어란 무엇인가?

측정을 하다보면 엄청 큰 수 또는 작은 수를 만나게 된다. 이 경우 10의 거듭제곱을 이용하면 편리하다. 예를 들어 '나노과학' 이라는 용어에서 나노(nano)는 10의 거듭제곱을 나타내는 접두어이다. 즉 10^{-9}을 뜻한다. 표 7에 10의 거듭제곱에 관한 접두어와 약자들을 나열하였다.

표 7 SI 단위의 접두어

크기	접두어	기호	크기	접두어	기호
10^{24}	요타(yotta)	Y	10^{-24}	욕토(yocto)	y
10^{21}	제타(zetta)	Z	10^{-21}	젭토(zepto)	z
10^{18}	엑사(exa)	E	10^{-18}	아토(atto)	a
10^{15}	페타(peta)	P	10^{-15}	펨토(femto)	f
10^{12}	테라(tera)	T	10^{-12}	피코(pico)	p
10^{9}	기가(giga)	G	10^{-9}	나노(nano)	n
10^{6}	메가(mega)	M	10^{-6}	마이크로(micro)	μ
10^{3}	킬로(kilo)	k	10^{-3}	밀리(milli)	m
10^{2}	헥토(hecto)	h	10^{-2}	센티(centi)	c
10^{1}	데카(deka)	da	10^{-1}	데시(deci)	d

5. 유효숫자(Significant Figures) 계산은 어떻게 해야 하는가?

5.1 유효숫자 계산

• 숫자를 계산할 때는 아래 규칙을 따라야 한다.

개념이해	유효숫자
URL	https://youtu.be/WAaItI_LBus

 i) 모든 자리의 숫자가 0이 아닌 경우 모든 숫자는 유효숫자다.

ii) 0이 아닌 숫자로 둘러싸인 0도 유효숫자다.

iii) 소수점 아래 0이 아닌 숫자 뒤의 0은 유효숫자이다.

iv) 소수점을 포함하지 않는 수에서 끝의 0은 유효숫자인지 알 수 없다.

 v) 0.0000과 같이 모든 자리 숫자가 0이면 실제 측정값보다 불확실성이 크기 때문에 유효가 없는 숫자이다.

vi) 과학적 기수법(scientific notation)에서는 자릿수는 십의 지수로 표현하고, 10^n 곱하는 수로 유효숫자를 표기한다.

vii) 빛의 속력과 같은 과학적 상수와 물건의 개수를 센 것의 유효숫자는 무한대이므로 측정값끼리의 계산 결과에 영향을 주지 않는다.

6. 측정오차 계산은 어떻게 해야 하는가?

개념이해	측정과 오차계산	
URL	https://youtu.be/VJACUOmAuj0	

그림 1과 같이 길이를 잰다고 하자. 이 측정데이터를 기록하는데 있어서 우리는 실제의 측정값을 나타내는 만큼의 적절한 자릿수를 취한다. 그림 1의 (a)는 분해능이 cm이므로 13 cm로 기록해야 한다. 그림 1의 (b)와 같은 경우에는 분해능이 mm이므로 13.8 cm로 기록해야 한다. 이와 같이 측정값을 기록할 때는 마지막 자릿수가 믿을 수 있을 만한 눈어림 측정값이어야 한다. 이 마지막 자릿수를 불확실한 자릿수라 하며 데이터를 구하거나 다룰 때 그 첫 번째 불확실한 자릿수를 포함한 모든 자릿수들을 유효숫자라한다.

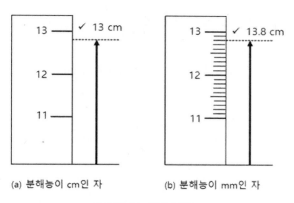

(a) 분해능이 cm인 자   (b) 분해능이 mm인 자

[그림 1 측정오차]

6.1 측정오차

많은 문제에서 이론값(참값)을 모르는 상황에서 오차를 계산해야 하는 경우가 있다. 이와 같은 경우 두 측정값 간의 퍼센트 차이를 구해야 하는데 다음과 같이 주어진다.

$$측정오차 = \frac{|두\ 값의\ 차이|}{평균값} \times 100\%$$

예를 들어 어떤 막대의 길이를 두 번 측정한 값이 100.8 cm와 101.8 cm라고 하면 이때의 측정한 값의 오차는

$$측정오차 = \frac{|101.8 - 100.8|}{\left(\dfrac{101.8 + 100.8}{2}\right)} \times 100\% = 0.9872\%$$

가 된다.

6.2 상대오차

일반적으로 측정된 값의 정밀도는 이미 결정되어있는 이론값(참값)과 측정값과의 비교에 의하여 결정된다. 이때 실험값의 상대오차(relative error)라는 계산법을 사용하는데 다음과 같이 주어진다.

$$상대오차 = \frac{|이론값 - 실험값|}{이론값} \times 100\%$$

예를 들어 이론값이 100.0 cm인 막대의 길이가 100.6 cm로 측정되었다고 하면, 이때의 상대오차는

$$상대오차 = \frac{|100.0 - 100.6|}{100.0} \times 100\% = 0.6\%$$

이다.

6.3 1회만 측정할 때

어떤 경우에는 비교할 이론값도 없는데 단 1회의 측정밖에 할 수 없는 경우가 있다.

예를 들어 그림 2에서 그 선분의 길이가 $0.1\,\mathrm{cm}$까지 측정되었다면 그 측정값은 $6.4\,\mathrm{cm}$일 것이고, 따라서 확률 퍼센트 오차는 $\dfrac{0.1}{6.4}\times 100\,\% = 2\,\%$가 된다. 그러나 그 길이가 $0.01\,\mathrm{cm}$까지 측정되었다면, 그 선분의 길이는 $6.38\,\mathrm{cm}$로 기록될 것이고 그때의 측정값 오차, 상대오차 등을 기록할 때는 여러 자릿수가 나오더라도 최대유효숫자 한자리만 기록한다.

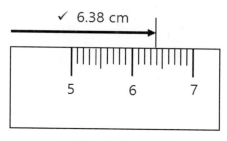

[**그림 2** 측정과 오차]

PART II

전자기학

측정장비 사용 방법

1. 실험목표

실험에서 자주 이용되는 측정기기 사용 방법을 익힌다. 전기전자 실험에 핵심적으로 사용되고 있는 계측기인 디지털 멀티미터의 측정방법을 익힌다. 또한 길이를 정밀하게 재는데 필요한 버니어 캘리퍼스의 구조와 사용법 및 물체를 측정하는 과정에 필요한 이론을 알아보자.

2. 학습목표

◆ **학습목표 : 측정장비에 대한 이해**

❖ 아래 내용에 대한 개념을 정리해 보고, 실험을 구상해 보세요.

- 멀티미터의 사용법에 대해서 조사해 보고 전압을 측정해 본다.
- 버니어 캘리퍼스의 사용법에 대해서 조사해 보고 길이를 측정해 본다.
- 전기전자 실험에 많이 사용되는 다른 측정장비를 조사해보고 특성을 토론해 본다.
- 관련 실험을 구상해 본다.

■ CERN의 대형 강입자 충돌기(LHC)

Author : SimonWaldherr, 2019

■ **Hubble Space Telescope**

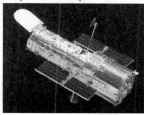

- The Hubble Space Telescope as seen from the departing Space Shuttle *Atlantis, 2009*

3. 이론 및 원리

모든 계측기를 사용할 때는 측정하는 회로와 고가의 계측기를 보호하기 위하여 아래와 같은 몇 가지 수칙이 있다.

- 사용자의 몸에 있는 정전기를 없앤다.
- 계측기의 선택단자를 계측하려고 하는 물리량에 맞게 선택하고, 이에 알맞은 계측기의 측정용 탐침봉을 연결한다.
- 계측기의 영점을 조정한다. 필요하면 보정을 해주어야 한다.
- 계측기의 측정하는 물리량의 최대허용범위부터 선택하여 측정을 시작하여, 측정기의 오차가 가장 적을 때까지 점차 측정범위를 낮추면서 측정한다.
- 계측기의 정밀도는 계측기의 최소눈금에 나타나고, 최소눈금의 1/2이 측정 시의 우연 오차가 된다.
- 아날로그형 계측기의 눈금을 읽는 방법은, 계기판에 나타난 최댓값들 중에서 선택단자 의 값과 배수를 갖는 것을 결정한 후에 바늘이 지시하는 측정한 값을 읽어 그 배수를 곱하여 읽는다.

3.1 디지털 멀티미터(Multimeter) 사용 방법

멀티미터(Multimeter)는 전기전자 소자나 회로의 특성을 측정하는 계측기로서, 의사에 게 청진기와도 같은 장비로, 전기전자 회로를 취급하는 기술자에게는 필수적인 것으로 흔히 테스터기라고도 불린다. 그림 1에서와 같이 아날로그와 디지털 방식이 있고, 측정할 수 있는 양은 다음과 같다.

① 기본 측정량

직류전류측정(DC current, A), 직류교류전압측정(DC/AC voltage, V), 저항측정(ohm, Ω)

② 확장 측정량

교류전류측정(AC current, A), 축전기의 용량(capacitance, F), 코일 인덕터의 인덕턴스 (inductance, H), 데시벨(전압의 크기를 대수적으로 나타낸 것, dB), 온도(temperature, °C), 주파수(Hz) …

(a) 아날로그 멀티미터(AM)　　　(b) 디지털 멀티미터(DM)

[**그림 1**　멀티미터 방식]

전압측정용 단자와 전류 및 저항 측정용 단자가 서로 따로 있는 것이 보통이다. 테스터기의 중앙에는 회전식 로터리단자가 있어서 측정범위를 10배의 크기로 축소·확장을 할 수 있다. 테스터기로 교류전압·전류를 측정하면 실효값인 rms값으로 나타난다. 아날로그 신호의 출력을 표시(visual displayer)하기 위해서는, 실측한 양에 비례하는 회전각으로 움직이는 지시 바늘을 갖는 다르송발 검류계(D'Arsonval galvanometer)을 이용한다. 이 검류계는 거의 모든 아날로그신호의 디스플레어로 광범위하게 쓰이고 있는데, 입력신호에 대한 민감한 응답성과 신뢰성이 뛰어나기 때문이다. 한편 디지털 디스플레어로는 최근에는 액정표시판(liquid crystal displayer, LCD)이 다양한 계기에서 사용되고 있다. 뛰어난 응답성, 높은 해상도, 작은 부피 및 저전력으로 동작하여 현재 기존의 CRT를 가진 TV나 PC의 디스플레어를 대체할 정도로 발달해있고 최근에는 형태를 자유자제로 변형시킬 수 있고 자체 발광하는 빛을 사용하는 유기물 고분자로 만든 유기필름표시판 OLED (organic-LED)가 개발되어 있다. 디지털 측정기의 경우는 RS-232C 연결단자가 있어서 PC로 바로 연결하여 측정하는 데이터를 실시간으로 모니터링 또는 기록저장을 할 수도 있다. 보다 자세한 테스터기의 원리나 사용법은 사용자 매뉴얼을 참조한다.

3.2 버니어 캘리퍼스(vernier calliper) 사용방법

버니어 캘리퍼스는 그림 2에서와 같이 버니어(부척)가 달린 캘리퍼스로, 물체의 외부 지름, 내부 지름, 깊이를 측정할 수 있는 간편하면서 편리한 측정장비이다. 버니어 캘리퍼스의 사용에 있어서 올바른 사용법에 유의해서 분해능에 합당한 측정값을 구해야 한다. 버니어 캘리퍼스로 길이를 측정한 경우 눈금 읽는 법을 알아보자.

1) 방법 1

본체에 있는 주척의 최소 눈금의 1/10 혹은 그 이상의 정밀도까지 측정할 수 있도록 고안된 장치이다. 부척은 주척의 1 mm를 20등분하도록 만든 것으로 주척의 눈금을 20등분 하여, 부척의 한 눈금은 주척의 눈금 보다 1/20(= 0.05 mm) 만큼 짧게 되어 있다. 따라서 부척의 첫 번째 눈금이 주척의 두 번째 눈금과 일치하면 부척은 주척에 대해 0.05 mm만큼 이동하게 된다. 이와 같은 원리로 부척의 n번째 눈금이 주척의 눈금과 일치하고 있으면, 주척의 눈금에 $n \times 0.05$ mm만큼 더해 주어야 한다. 예를 들어 부척의 0눈금이 주척의 23눈금을 약간 넘어있고 부척의 네 번째 눈금이 주척의 눈금과 일치했다면 전체 눈금은

$$23 + 4 \times 0.05 = 23.20 \text{ mm}$$

로 읽는다.

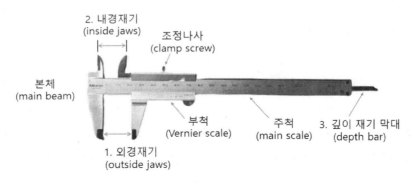

[**그림 2** 버니어 캘리퍼스의 각부 명칭과 기능]

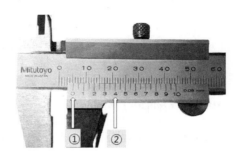

[**그림 3** 버니어 캘리퍼스 읽는 방법]

2) 방법 2

그림 3에서와 같이 주척과 부척의 눈금을 직접 읽을 수 있다. 우선 그림 3의 ①에서와 같이 부척의 0인 눈금을 기준으로 주척의 눈금을 읽는다. 그리고 그림 3의 ②에서와 같이 주척과 부척의 눈을 비교하여 서로 일치하는 눈금을 읽은 후,

$$5.00\,\text{mm} + 0.40\,\text{mm} = 5.40\,\text{mm}$$

와 같이 이 두 값을 단위를 고려하여 더하면 된다.

4. 실험장비

• 디지털 멀티미터	• 버니어 캘리퍼스
• 전지	• 시료
• 저항	

4.1 아날로그 멀티미터(AM)

(a) 다르발송 검류계 디스플레어

영구자석의 자기장에 놓인 코일에 입력전류가 흐르면 코일은 토크를 받아 회전한다. 코일에 부착된 지시바늘의 회전각은, 입력전류에 비례하는 회전력이 용수철의 복원력과 평형을 이루면서 결정된다.

(b) 아날로그 멀티미터(AM)

로터리 스위치로 측정범위를 축소와 확대를 할 수 있다. 최대허용범위에서부터 측정을 시작하면서, 바늘이 적당한 동작속도로 응답하면서 계기판의 약 2/3 영역을 지시하는 곳을 찾는다. 측정값은, 바늘이 지시한 눈금을 읽은 값에 선택한 로터리의 값과 계기판눈금의 최대값 사이의 배수를 곱해주어 읽는다.

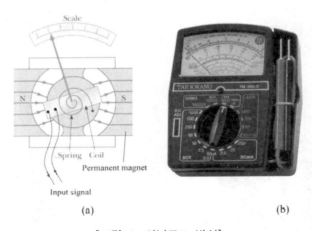

(a)   (b)

[**그림 4** 아날로그 방식]

4.2 디지털 멀티미터(DM)

흑백 LCD 디지털 디스플레어는 액체상태의 결정의 양끝에 입력전류를 걸어 줄 때, 액정판에 입사된 빛의 반사광을 차단(off)시켜서 밝은 바탕에 어두운 숫자 화소를 만들어 숫자를 표시한다.

(a) 반사광 on 상태

입사광이 첫 번째 편광자에 의하여 편광된다. 편광빛이 액정을 통과하면서 직각으로 회전하기 때문에 두 번째 편광자를 통과할 수 있어 반사파에 도달할 수 있다. 이 반사빛은 다시 광로의 역순으로 투과되면서 표시판을 밝은 바탕이 되도록 한다.

(b) 반사광 off 상태

숫자 화소(pixel)의 액정 양면에 전압을 입력(인가)하면 액정은 첫 번째 편광자가 만든 편광된 빛을 직각으로 회전시키지 않고 그대로 통과시킨다. 따라서 두 번째 편광자에 입사광이 흡수되어 반사광을 만들지 않기 때문에 숫자화소가 검게 나타난다. 화소마다 빛의 삼원색인 3개의 투명판을 첨가하면 컬러로 구현할 수도 있다.

(c) 디지털 멀티미터(DM)

로터리로 측정할 양을 선택한다. DM은 자동으로 측정범위를 찾아 최대 유효숫자를 갖는 측정값을 계기판에 나타낸다.

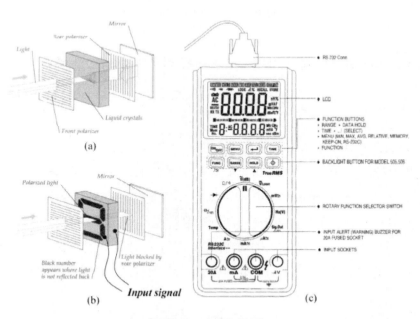

[**그림 5** 디지털 방식]

5. 실험방법

[실험 01 디지털 멀티미터(DM)를 사용하여, 전지의 전압 측정]

① 그림 6과 같이 디지털 멀티미터의 가운데 있는 로터리 선택단자를 직류 전압인 곳으로 돌린다.
② 두 탐침봉으로 전지의 양극에 대어 전압을 측정하고 기록한다.

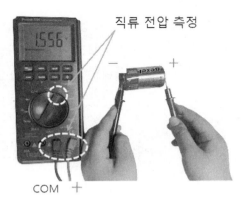

[**그림 6** 전지의 전압, 직류 전압]

[실험 02 디지털 멀티미터(DM)를 사용하여, 상용 콘센트 전압 측정]

⊙ 주의 : 고압이므로 감전에 주의

콘센트구조를 이해하고 있으면 감전에 대비할 수 있다. 콘센트구조는 다음 설명과 같다. 220V는 감전사고를 예방하기 위하여 플러그와 콘센트가 안전을 고려하여 설계되어 있다. 두 개의 둥근 막대가 한 쌍으로 되어 있는 모든 전기제품의 플러그 단자가 동시에 콘센트 구멍에 삽입될 때만 구멍을 막고 있는 두 개의 문이 동시에 비스듬히 회전(twisted)되면서 열린다. 그러므로 두 탐침봉을 동시에 밀면서 동시에 약간 회전하면서 삽입해야 한다. 한편 원형 콘센트의 안쪽 둘레(side clip)에 있는 두 개의 철사형태의 클립은 접지선이다.

• 디지털 멀티미터의 가운데 있는 로터리 선택단자를 교류전압인 곳으로 돌린다.
• 두 탐침봉을 젓가락을 잡듯이 잡고 또는 양손에 하나씩 각각 잡고, 콘센트의 두 단자 구멍에 약간 비스듬히 밀어 넣는다.

- LCD 계기판에 숫자가 나타난다. 이때 끝자리 숫자가 계속 변화한다. 변화하는 끝자리는 오차를 의미하며 나타나는 최솟값과 최댓값의 사이의 평균값을 측정값으로 선택하여 기록한다. 측정한 값은 실효값(rms)이다.

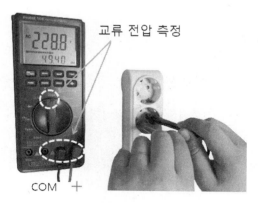

[**그림 7** 전원의 전압, 교류 전압]

[실험 03 버니어 캘리퍼스의 길이 측정]

실험소개	버니어 캘리퍼스 길이측정	
URL	https://youtu.be/vUlMOQQRLAE	

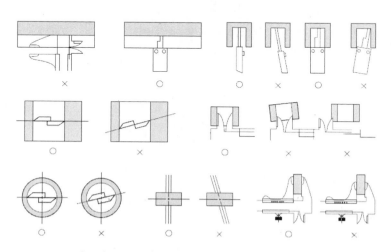

[**그림 8** 버니어 캘리퍼스 올바른 측정 방법]

① 주어진 부피시료의 내부 지름과 외부 지름, 깊이(그리고 높이)를 차례로 측정하여 그들의 평균과 오차를 구한다.
② 측정이 끝나면 반듯이 고정나사를 죄어 버니어를 고정시킨다.

6. 다른 실험방법 구상

[실험구상 01 저항값을 측정해 본다.]

• 저항을 준비하여 저항을 측정해 본다. 로터리 선택단자는 어느 위치로 이동해야 할까? 저항에는 극성이 있을까?
• 측정한 저항값과 제품에 기록된 값을 비교해 오차를 구해 본다.

[그림 9 저항 측정 예]

실험 01 측정장비 사용 방법

담당교수 : _____ 교수님

실험일	월 일	제출일	월 일
학번		이름	
( )조 조원이름	• • •		

[실험 01 디지털 멀티미터(DM)를 사용하여, 전지의 전압 측정]

(단위 : V)

측정	1회	2회	3회	평균값	이론값	오차
전지						

[실험 02 디지털 멀티미터(DM)를 사용하여, 상용 콘센트 전압 측정]

(단위 : V)

측정	1회	2회	3회	평균값	이론값	오차
콘센트						

[실험 03 버니어 캘리퍼스의 길이 측정]

(단위 : mm)

구분	내부 지름	$(평균-측정값)^2$	깊이	$(평균-측정값)^2$	외부 지름				높이	$(평균-측정값)^2$
					대	$(평균-측정값)^2$	소	$(평균-측정값)^2$		
1										
2										
3										
4										
5										
평균		−		−		−		−		−
표준 편차		−		−		−		−		−

[실험구상 01 저항값을 측정해 본다.]

실험 제목 : _____

• 실험 장치도(그림으로 표현)	• 실험방법 설명

• 오차 계산

• 참고 : 저항 측정 실험은 실험 06 회로실험에서 자세히 다룹니다.

〈질문〉

◪ 아래 질문에 답하시오.

답변할 때는 자료를 찾아보고 토론해본 후 스스로 정리해보면 해결해야 할 문제에 대한 이해도가 높아지고 응용력도 향상됩니다.

1) 본 실험에서 오차의 원인은 무엇인가?
2) 오차를 줄일 수 있는 아이디어를 생각해보고 방법을 서술하시오.
3) 디지털 멀티미터 사용방법에 대해서 조사해보고 설명하시오.
4) 버니어 캘리퍼스 읽는 방법에 대해서 조사해보고 설명하시오.
5) 다른 측정 또는 계측장비 사용방법에 대해서 조사해보고 설명하시오.

▷ 답변 :

〈실험결과 요약〉

◼ 서론 본론 결론 형식으로 자유롭게 기술하세요.

논문형식의 기술적 글쓰기(Technical Writing)를 통해서 주장하는 내용에 대한 의미전달 능력을 향상시킬 수 있고 창의적 생각 또한 키워나갈 수 있습니다.

실험제목 :
작성자 신원 :

〈서론〉

〈본론〉

〈결론〉

〈참고문헌〉

➡ 우리는 4차 산업혁명의 시대에 살아가야 합니다. 산업혁명의 발달 역사에 대해서 조사해 보고, 우리의 미래의 모습과 문명에 대해서 토론해 보세요.

◆ 산업혁명(Industrial Revolution)이란?

와트 증기 기관
영국과 세계의 산업 혁명을 촉진

- 18세기 중반부터 19세기 초반까지 영국에서 시작된 기술의 혁신과 새로운 제조 공정으로의 전환 → 이로 인해 일어난 사회, 경제 등의 큰 변혁을 일컫는다.

✓ 산업 혁명은 후에 전 세계로 확산되어 세계를 크게 바꾸어 놓게 됨
- 산업 혁명이란 용어는 1844년 프리드리히 엥겔스가 『The Condition of the Working Class in England』에서 처음 사용하였고
- 1884년 아널드 토인비가 『Lectures on the Industrial Revolution of the Eighteenth Century in England』에서 보다 구체화

◆ 산업혁명(Industrial Revolution)의 구분

1차 산업혁명	2차 산업혁명	3차 산업혁명	4차 산업혁명
18세기 후반	19세기 후반	20세기 후반	2000년대 중반
증기기관의 발명	전기 발명	컴퓨터 발명	정보통신 기술 융합
증기기관을 이용한 기계화 및 기계적인 장치로 제품 생산	-전기를 이용한 대량생산 -노동력 절감	- 컴퓨터 정보화 및 자동화 생산 시스템	- 인공기능 - 가상현실, - 사물인터넷 - 3D 프린팅 기술 등
기계화혁명	대량생산 혁명	지식 정보 혁명	초 연결 혁명

전하의 이동과 발생과 보존

1. 실험목표

전기현상을 일으키는 원인은 물질에 전하(electric charge)가 존재하기 때문이다. 이 전하의 양을 전하량(Q)이라고 한다. 본 실험에서는 전하의 개념을 이해하고 Faraday Ice Pail과 대전 봉을 사용하여, 전하의 발생과 전하의 이동 그리고 전하 보존의 법칙에 대해서 실험적으로 확인해 본다.

2. 학습목표

◆ **학습목표 : 전하의 생성과 이동과 보존에 대한 이해**

❖ **아래 내용에 대한 개념을 정리해 보고, 실험을 구상해 보세요.**

- 전하를 생성하는 방법에 대해서 조사해 본다.
- 전하의 개념을 이해하고 전하보존 법칙에 대해 정리한다.
- 대전된 물체를 이용하여 인력과 척력 현상을 논해 본다.
- 양전하와 음전하를 이용하여 전기장선과 전기장을 그려 본다.
- 관련 실험을 구상해 본다.

벤저민 프랭클린
(Benjamin Franklin)
1706년 ~1790년

3. 기본 개념에 대한 이해

◆ 전하(Charges)

▪ 전하(electric charge)의 종류

ⅰ) **전하** : 대전체가 띤 전기
- → 전기적 현상의 근원
- → 물질이 가지고 있는 전기의 양
  - ➢ 양전하(+q) : 양성자
  - ➢ 음전하(-q) : 전자

ⅱ) **전하의 SI 단위** :
- → 쿨롬(coulomb, C)

✓ **같은 종류의 전하 : 척력**

✓ **다른 종류의 전하 : 인력**

❖ 실험구상
검전기 실험 방법을 조사하여 그림으로 그려 보고 실험에서 알 수 있는 결과를 논리적으로 설명해 보자.

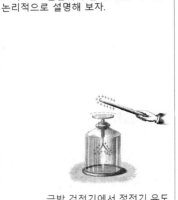

금박 검전기에서 정전기 유도

◆ 유도에 의해 대전된 물체

▪ 도체에서의 정전기 유도

▪ 절연체에서 정전기 유도

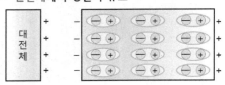

❖ 실험이해
도체와 절연체에 양으로 대전된 대전체를 접근시킨 경우를 상정하여 도체와 절연체 내부에서 발생하는 전하의 미시적 거동에 대해서 논리적으로 설명해 보자.

◆ 도체와 절연체 그리고 반도체

> 자유전자 : 물질 내에서 자유롭게 움직일 수 있는 입자

- 도체(conductor) : 금속과 같이 물질내부에서 전자가 핵에 구속되지 않고 자유롭게 움직일 수 있는 자유전자가 있는 물질
- 절연체(insulator) : 유리, 플라스틱 등과 같이 물질 내부에서 전자가 핵에 구속되어 있어 자유롭게 움직일 수 없는 물질
- 반도체(semiconductor) : 도체와 절연체의 중간 정도의 전기 전도율을 가지는 물질(실리콘, 게르마늄 이용)

❖ 심화학습 : 반도체에 대한 이해
기원전 600년경 그리스의 철학자 탈레스는 마찰전기에 대해서 기술하고 있다. 이후 과학문명의 발달로 여러분들은 반도체 혁명의 시대에 살고 있다. 반도체의 구조에 대해서 조사해 보자.

[Thales 기원전 ~625년]

[elektron]

[여러가지 웨이퍼]
[그림: wiki]

개념이해	도체와 절연체에 대한 설명
URL	https://youtu.be/jqebmrrPN14

4. 이론 및 원리

전하는 우리 주변에서 흔히 발생한다. 사람이 움직이거나 기계가 작동하거나 유체가 흐를 때 우리는 정전하가 발생한다는 것을 알 수 있다. 이러한 정전기의 발생은 매우 광범위하며 정전기를 이해하고 컨트롤 할 수 있는 능력은 매우 중요하다. 예를 들어 정전하에 매우 민감한 제품을 공정하거나 인화성 물질이 주변에 있는 경우를 상정해 보면 그 중요성을 잘 이해할 수 있을 것이다. 전하를 제어할 수 없으면 제품이 손상될 수도 있고 공정의 질이 떨어질 수도 있으며 화재 발생 등 여러 문제들이 초래될 것이다.

이러한 정전기는 기원전부터 알려져 있었는데, 근대 과학의 시대로 접어든 18세기 후반부터 쿨롱(Charles-Augustin de Coulomb, 1736년~1806년)을 중심으로 정량적인 연구가 이루어졌다. 이후 패러데이(Michael Faraday, 1791년~1867년)와 맥스웰((James Clerk Maxwell, 1831년~1879년)의 시대로 이어지며 전자기학 발전의 기반이 되었고, 현대의 우리는 전기 이용이 생활 속에 보편화 되어있다.

정전기는 마찰전기처럼 물체 위에 정지하고 있는 전기를 뜻한다. 이 경우의 전기현상은 자극에 의한 전기현상과 비슷하다. 예를 들면 유리막대를 비단 천으로 문지르면 유리막대에 양전하가 생기고, 에보나이트막대를 털로 문지르면 에보나이트 막대에 음전하가 생긴다.

마찰로 인해 발생하는 양전하와 음전하는 물체의 종류만으로 결정되는 것이 아니라 마찰하는 상대 물질에 따라서 결정된다. 예를 들어 유리막대를 비단 천으로 마찰하면 유리막대는 양으로 대전되고, 모피로 마찰하면 음전하로 대전된다. 일반적으로 마찰에 의한 대전된 물질을 차례대로 늘어놓은 것을 대전열이라고 한다. 예를 들면

> (+)모피 - 상아 - 털 헝겊 - 수정 - 유리 - 비단 - 목재 - 솜 - 고무 - 황 - 셀룰로이드 - 에보나이트(-)

로서, 열의 상위에 있는 물질과 하위에 있는 물질을 마찰시키면 상위에 있는 물질은 양으로 하위에 있는 물질은 음으로 대전 된다. 이와 같은 대전열은 BC 600년경 탈레스(Thales, 대략 기원전 625년~기원전 624년 경)가 호박을 마찰하여 발견한 전기현상에 기원을 두고 있으며 근대에 벤저민 프랭클린(Benjamin Franklin 1706~1790)이 정의한 것이다.

로버트 밀리컨(Robert Andrews Millikan, 1868년)은 1909년 전하는 양자화(quantized) 되어 있다는 사실을 발견하였다. 전하 q는

$$q = \pm n e, \quad n = \pm 1, \pm 2, \cdots$$

과 같이 표현되고, e는 기본전하를 의미하는데

$$e = 1.602 \times 10^{-19} \text{C}$$

의 값을 갖고, 단위는 C로 쓰고 쿨롬(Coulomb)이라 읽는다.

4.1 유도대전

대전된 물체가 만드는 정전기장 속에 도체가 있으면 대전된 물체와 접촉하지 않고도 정전기장에 반대되는 극성을 가진 정전하를 가지게 한다. 다시 말해서 대전된 물체에 도체를 가깝게 놓으면 도체 표면의 자유 전자가 이동하여 대전체와 가까운 쪽에는 대전체와 다른 극성의 전하가 축적되고 먼 쪽에는 같은 전하가 유도된다. 이와 같이 대전되는 현상을

유도대전이라고 하는데 유도대전은 대전된 물체가 정전기장을 만들기 때문에 발생한다. 이와는 대조적으로 절연체는 쌍극자가 재 정렬하는 방식으로 대전된다.

4.2 마찰대전

마찰에 의해서 정전기를 발생시킬 수 있다. 전하를 띠지 않는 두 절연체를 마찰시키면 전하를 띠게 되는데, 이는 서로 밀착해 있는 두 표면이 분리될 때마다 한쪽 면은 전자를 잃어버려 양으로 대전되고 다른 쪽 면은 그 전자를 얻어 음으로 대전되기 때문이다. 즉 마찰을 시키는 동안 전자들이 한쪽 물체에서 다른 쪽 물체로 이동해 가는 것이 원인이다. 원자 구조를 살펴보면 원자핵은 양(+)의 극성이므로 음(−)의 극성을 띠는 전자를 인력으로 구속하고 있는데, 마찰을 시키는 과정에서 운동에너지가 인력을 극복하는 에너지로 쓰인다. 이때 두 물체의 총 전하량은 보존된다. 일반적으로 매끄럽고 넓은 표면이 더 많은 전하를 만들어 내고, 두 표면 사이를 마찰시키는 속도와 압력이 빠르고 증가할수록 더 많은 전하들이 만들어지게 된다.

5. 실험장비

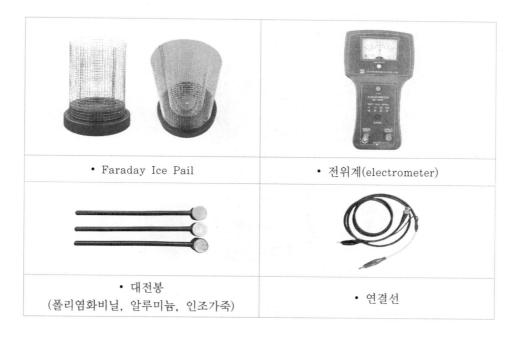

• Faraday Ice Pail	• 전위계(electrometer)
• 대전봉 (폴리염화비닐, 알루미늄, 인조가죽)	• 연결선

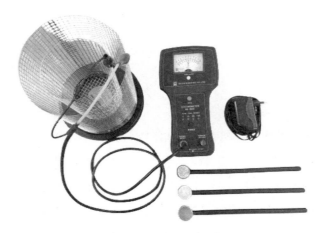

[그림 1 실험 장치도]

5.1 전위계

전위계는 굉장히 큰($10^{14}\,\Omega$) 임피던스를 가진 전압계로 전압의 직접 측정, 전류, 전하량
의 간접 측정에 사용된다. 이 기구의 큰 임피던스 때문에 정전기 실험의 전하량 측정에
특히 적합하다. 일반적인 금박검전기에 비해 1000배 좋은 감도를 지니고 있으며 전하의
극성을 나타내는 중앙 영점 조절기를 가지고 있다. 또한 10^{-11}쿨롱 단위의 전하를 측정할
수 있다. 이러한 특징을 이용해 정전기적 실험을 쉽게 수행할 수 있으며 정량적인 데이터를
얻을 수 있다.

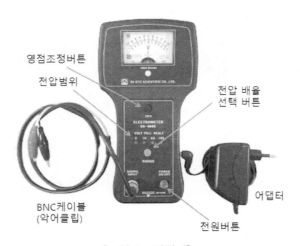

영점조정버튼

전압범위

전압 배율
선택 버튼

BNC케이블
(악어클립)

어댑터

전원버튼

[그림 2 전위계]

6. 실험방법

6.1 Ice Pail 접지

실험에 앞서 그림 3과 같이 Ice Pail을 반드시 접지시켜야 한다. 방법은 손가락을 Ice Pai 내부와 외부 원통에 동시에 접속시킨 후 Pail에서 먼저 떼고 이후 Shield에서 떼면 된다. 이렇게 하면 Ice Pail에 축적되어 있을지도 모르는 전하를 제거할 수 있다.

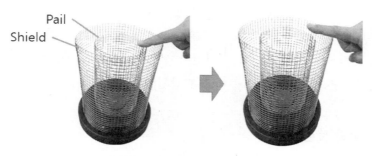

[**그림 3** Ice Pail 접지 방법]

[실험 01 유도에 의한 전하와 접촉에 의한 전하]

① 그림 1과 같이 전위계를 Faraday Ice Pail에 연결한다. Ice Pail이 접지되었을 때 전위계는 영을 가리켜야 한다. 이는 Ice Pail에 전하가 없다는 것을 의미한다.

② Ice Pail에서 전하가 완전히 제거되었을 때 전위계의 Zero 버튼을 누른다. 전위계의 전압 범위는 항상 최대로 설정한 후 시작하고, 필요하면 전압 범위를 낮추도록 한다.

③ 대전봉은 전하가 유도된 대전물체로 사용된다. 다음은 대전 봉을 사용하여 전하를 발생하는 방법이다.

• 대전봉의 목과 손잡이를 접지시켜 손잡이와 목에 남아있는 잔류 전하를 제거한다. 대전봉의 목 부분을 입으로 불면, 입김으로 인하여 잔여 전하를 제거하는데 도움이 된다.

• 전하를 +극과 −극으로 분리시키기 위해 인조가죽과 폴리염화비닐 또는 알루미늄과 함께 문지른다.

• 사용하려는 대전봉 하나만을 손으로 잡고 다른 하나는 Ice Pail에서 멀리 떨어진 곳에 둔다.

- 대전봉을 Ice Pail에 넣기 전에 꼭 Ice Pail을 접지시켜야 한다.

④ 조심스럽게 대전봉을 Ice Pail 안쪽으로 넣는다. 이때 봉이 Ice Pail에 닿지 않도록 하여, Ice Pail의 반 이하 깊이로 넣어야 한다. 전위계의 눈금을 읽는다.

⑤ 대전봉을 제거하고 다시 전위계의 눈금을 읽는다. 만약 봉이 Ice Pail에 닿지 않았다면 전위계의 눈금은 Zero가 되어야 한다.

⑥ 전위계의 Zero 버튼을 눌러 잔여 전하를 제거한다. 다시 대전봉을 삽입하여 Ice Pail에 접촉시킨다.

⑦ 대전봉을 제거하고 전위계의 눈금을 읽는다.

⑧ Ice Pail이 얻은 전하가 대전 봉으로부터 전달되었다는 것을 보여주기 위해 Ice Pail을 접지시켜 모든 전하를 제거한다. 전위계의 Zero 버튼을 눌러 잔여 전하를 제거한다. 대전봉을 다시 Ice Pail에 삽입한다.

[실험 02 전하 보존]

① 대전되지 않은 인조가죽과 폴리염화비닐 대전 봉을 함께 문지른다. 실험 1에서와 같은 방법으로 전하를 발생시킨다. 두 대전봉은 모두 다른 물체에 닿지 않도록 하여야 한다.

② 두 대전봉을 차례로 Ice Pail에 넣은 후 전위계의 눈금을 읽어 각 대전봉의 전하의 크기와 극성을 측정한다.

③ 대전봉들을 접지시켜 전하를 완전히 제거한다. 대전봉의 목과 손잡이 부분에 존재하는 잔여 전하도 제거한다.

④ 두 대전봉을 Ice Pail에 넣고 함께 문지르며 전위계의 눈금을 읽는다. 대전봉이 Ice Pail에 닿지 않도록 주의하여야 한다.

⑤ 한 개의 대전봉을 Ice Pail에서 꺼내고, 전위계의 눈금을 읽는다. 다른 하나와 교체한 후 전위계의 눈금을 읽는다. 방금 측정한 전하의 크기와 극성으로부터 전하 보존에 대해 생각해 본다.

⑥ 실험이 끝난 후 인조가죽과 알루미늄 대전봉을 이용하여 위 실험과정을 반복한다.

7. 다른 실험방법 구상

[실험구상 01 반데그라프 발전기(Van de Graaff Generator)]

• 반데그라프 발전기(Van de Graaff Generator)의 작동 원리를 알아보자.

• 반데그라프 발전기를 이용하여 해볼 수 있는 실험을 구상해 보자.

[그림 4 Van de Graaff Generator]

Van de Graaff Generator

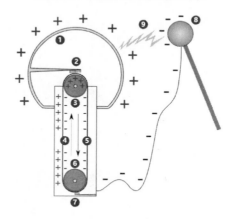

[그림 5 반데그라프 구조, 출처: 위키백과]

1. hollow metal sphere 2. upper electrode 3. upper roller (for example an acrylic glass)
4. side of the belt with positive charges 5. opposite side of belt, with negative charges
Van de Graaff Generator 6. lower roller (metal) 7. lower electrode (ground) 8. spherical
device with negative charges 9. spark produced by the difference of potentials

[실험구상 02   도체구]

• 두 개의 도체 구를 이용해서 해볼 수 있는 실험을 구상해 보자.

[**그림 6**   도체구]

실험 02 전하의 이동과 발생과 보존 결과보고서

담당교수 : _____ 교수님

실험일	월 일	제출일	월 일
학번		이름	
( )조 조원이름	• • •		

[실험 01 유도에 의한 전하와 접촉에 의한 전하]

1) 유도에 의한 전하(인조가죽과 폴리염화비닐)

횟수	대전 봉 넣은 후 전위	(평균－측정값)^2	대전 봉 제거 후 전위	(평균－측정값)^2
1				
2				
3				
4				
5				
평균				

2) 접촉에 의한 전하(인조가죽과 폴리염화비닐)

횟수	Ice Pail에 접촉 시켰을 때 전위	(평균－측정값)^2	대전 봉 제거 후 전위)	(평균－측정값)^2
1				
2				
3				
4				
5				
평균				

3) 유도에 의한 전하(인조가죽과 알루미늄)

횟수	대전 봉 넣은 후 전위	(평균−측정값)^2	대전 봉 제거 후 전위	(평균−측정값)^2
1				
2				
3				
4				
5				
평균				

4) 접촉에 의한 전하(인조가죽과 알루미늄)

횟수	Ice Pail에 접촉 시켰을 때 전위	(평균−측정값)^2	대전 봉 제거 후 전위)	(평균−측정값)^2
1				
2				
3				
4				
5				
평균				

[실험 02 전하 보존]

1) 전하 보존

횟수	흰색 대전 봉 전위	$(평균 - 측정값)^2$	임의 대전 봉 전위	$(평균 - 측정값)^2$
1				
2				
3				
4				
5				
평균				

2) 마찰을 일으킬 경우

횟수	함께 문질러 마찰을 일으킨 전위	$(평균 - 측정값)^2$	인조가죽의 전위	$(평균 - 측정값)^2$	임의 대전 봉 전위	$(평균 - 측정값)^2$
1						
2						
3						
4						
5						
평균						

[실험구상 01 반데그라프 발전기(Van de Graaff Generator)]

실험 제목 : _____

• 실험 장치도(그림으로 표현)	• 실험방법 설명

[실험구상 02 도체구]

실험 제목 : _____

• 실험 장치도(그림으로 표현)	• 실험방법 설명

〈질문〉

◪ 아래 질문에 답하시오.

　답변할 때는 자료를 찾아보고 토론해본 후 스스로 정리해보면 해결해야 할 문제에 대한 이해도가 높아지고 응용력도 향상됩니다.

---

1) 본 실험에서 오차의 원인은 무엇인가?
2) 오차를 줄일 수 있는 아이디어를 생각해보고 방법을 서술하시오.
3) 전하란 무엇인지 설명하시오.
4) 전하 보존 법칙에 대해서 설명하시오.
5) 전하가 양자화되어 있다는 것은 무슨 의미인가 설명하시오.
6) 유도에 의한 전하와 접촉에 의한 전하에 관한 질문이다.
   - 대전된 물체가 내부에 들어가기만 했는데도 전위차가 생기는 이유는 무엇인가?
   - 왜 Ice Pail과 Shield 사이에 고정된 전위차가 생기는가?
   - Ice Pail의 전하가 어디서부터 왔는가?
7) 전하 보존에 관한 질문이다.
   - 대전봉들이 가진 전하의 크기는 어떤 차이가 있는가?
   - 대전봉들이 가진 전하의 극성은 어떤 차이가 있는가?
   - 이 실험에서 전하가 보존되었는가?

▷ 답변 :

〈실험결과 요약〉

▣ 서론 본론 결론 형식으로 자유롭게 기술하세요.

　　논문형식의 기술적 글쓰기(Technical Writing)를 통해서 주장하는 내용에 대한 의미전
달 능력을 향상시킬 수 있고 창의적 생각 또한 키워나갈 수 있습니다.

실험제목 :

작성자 신원 :

〈서론〉

〈본론〉

〈결론〉

〈참고문헌〉

■ 4차 산업혁명에 대해서 자료를 조사하고 미래의 문명에 기여할 수 있는 점에 대해서 생각해 보세요.

◆ 4차 산업혁명의 핵심 분야

➤ 4차 산업혁명 → 전혀 관계 없던 분야들이 결합하면서 인류가 지금까지 경험하지 못했던 새로운 세계를 창조하고 있는 중이다. 이 결합이 가속화될수록 우리는 상상조차 하기 어려운 세상을 만나게 되리라 예상된다.

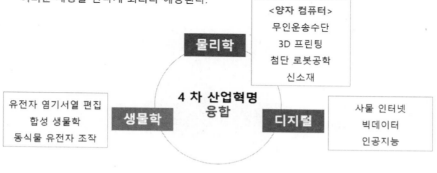

◆ 산업혁명을 1차로부터 4차까지 나누는 기준

- 3차 산업혁명 → 디지털혁명으로 부터 비롯
- 4차 산업혁명 → 디지털혁명을 기반으로 한걸음 더 나아가 → 사물인터넷, 빅데이터, 인공지능과 같은 디지털 기술과 바이오 기술이 통합될 뿐 아니라
- 디지털 기술이 만들어낸 사이버세계와 현실의 물리적 세계가 통합되는CPS(Cyber-Physical System)의 통합세계가 되리라 전망

1차 산업 혁명	2차 산업혁명	3차 산업혁명	4차 산업혁명
증기기관 기반 기계화 혁명	전기에너지 기반 대량생산 혁명	컴퓨터 인터넷 기반 지식정보 혁명	IoT AI Bio 기반 CPS 혁명

◆ Atom에서 Bit(binary digit)로

- Atom은 물질적인 세계의 최소단위 → Bit는 디지털 세계의 최소단위
- 아날로그 세계 : 실제로 만질 수 있고, 무게도 있고, 공간도 차지하는 → 물질의 세계 이기 때문에 이동을 할 때에는 여러 가지 제약이 따름
- 디지털 세계 : 물질의 세계가 아니라 → 부호의 세계이기 때문에 무게도 없고 물리적 공간을 차지하지도 않으며 통신과 연결되면 전송에도 시간이 걸리지 않음

실험 03 전기력과 유전율 측정

1. 실험목표

전기력의 크기는 쿨롱의 법칙으로 계산할 수 있다. 쿨롱의 법칙은 두 전하의 크기에 비례하고 두 전하 사이의 거리의 제곱에 반비례하는 힘으로 나타낸다. 평행판의 극판에 고전압을 걸고 전자저울을 사용하여 쿨롱의 힘을 측정하고 쿨롱의 법칙을 이해한다. 또한 유전율과 쿨롱상수 값도 계산해 본다.

2. 학습목표

◆ **학습목표 : 전기력과 전기장에 대한 이해**

❖ **아래 내용에 대한 개념을 정리해 보고 실험을 구상해 보세요.**

- Coulomb의 법칙을 이해하고 의미를 알아본다.
- Coulomb의 법칙과 Newton의 만유인력 법칙을 비교해 보고 공통점과 차이점을 이해해 본다.
- 전하의 전기장선을 그려보고 자석이 만드는 자기장선과 비교해본다.
- 관련 실험을 구상해 본다.

Charles-Augustin de Coulomb
1736년 ~ 1806년

3. 기본 개념에 대한 이해

◆ 쿨롱의 법칙(Coulomb's Law)

- 역 제곱 법칙(inverse-square law)
  → 전기력의 크기가 **거리의 제곱에 반비례**

$$F \propto \frac{1}{r^2}$$

- 두 전하의 곱에 비례

$$F \propto q_1 q_2$$

- 쿨롱의 법칙

$$F = k\frac{q_1 q_2}{r^2}$$

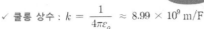

✓ 쿨롱 상수 : $k = \dfrac{1}{4\pi\varepsilon_o} \approx 8.99 \times 10^9 \, \text{m/F}$

✓ 유전율
(permittivity) : $\varepsilon_o \approx 8.85 \times 10^{-12} \text{F/m}$

❖ 실험구상 및 이해
두 전하사이에 작용하는 전기력을 결정하기 위한
쿨롱의 실험방법을 조사해보고 측정 원리를 설명해
보자.

[쿨롱이 고안한 전하 측정 시험장치
1784년, 출처:위키백과]

◆ 쿨롱의 법칙과 만유인력 법칙 비교

- 역 제곱 법칙
  (inverse-square law)

$$F \propto \frac{1}{r^2}$$

- 두 전하의 곱에 비례 · 두 물체의 질량에 비례

$$F \propto |q_1||q_2| \qquad F \propto m_1 m_2$$

❖ 쿨롱의 법칙 ❖ 만유인력의 법칙

$$F = k\frac{|q_1||q_2|}{r^2} \;\xLeftrightarrow{\text{비교}}\; F = G\frac{m_1 m_2}{r^2}$$

$k = \dfrac{1}{4\pi\varepsilon_0} = 8.99 \times 10^9 \text{N} \cdot \text{m}^2/\text{C}^2 \qquad G = 6.67 \times 10^{-11}\,\text{N} \cdot \text{m}^2/\text{kg}^2$

❖ 심화학습 : 전기력과 만유인력의 크기 비교
양성자의 질량은 1.67×10^{-27}kg이고 전하량은
e=1.60×10^{-19}C이다. 두 양성자가 거리는
4.00×10^{-15}m만큼 떨어져 있을 때, 양성자 사이
에 작용하는 전기력과 만유인력에 대한 크기의
비를 구하라.

$$\therefore \frac{F_e}{F_g} = 1.24 \times 10^{36}$$

4. 이론 및 원리

4.1 쿨롱이 법칙

개념이해	쿨롱의 법칙과 전하/Coulomb's Law and Charge
URL	https://youtu.be/SkZn-pBq_P0

전기현상의 요인을 전하라고 부르며 전하는 질량과 같이 입자가 갖는 한 속성이다. 전하를 띤 물체를 대전체라고 한다. 이러한 대전체 사이에도 힘이 작용하며 같은 종류의 전하 사이에는 서로 미는 힘이, 다른 종류의 전하 사이에는 서로 끄는 힘이 작용한다.

쿨롱(Charles-Augustin de Coulomb, 1736년~1806년)은 이와 같은 전기힘이 두 대전체가 띤 전하량과 대전체 사이의 거리에 의해 어떻게 다른지를 실험을 통하여 조사하였다. 전기적 힘의 크기는 두 전하량의 곱에 비례하고 대전체 사이의 거리제곱에 반비례한다. 이를 쿨롱의 법칙이라고 한다. 전하의 크기가 각각 q_1과 q_2이고 거리가 r만큼 떨어진 두 입자(또는 점전하) 사이에 작용하는 정전기력의 크기는 다음 식으로 주어진다.

$$F = k\frac{|q_1||q_2|}{r^2}$$

여기서 k는 쿨롱상수라고 하고

$$k = \frac{1}{4\pi\varepsilon_0} = 8.99 \times 10^9 \,\mathrm{N \cdot m^2/C^2}$$

와 같이 주어진다. 식에 ε_0는 자유공간 속에서 유전율을 뜻하는데

$$\varepsilon_0 = 8.854 \times 10^{-12} \,\mathrm{C^2/Nm^2 \,(F/m)}$$

와 같은 값을 갖는다.

4.2 평행판 축전기와 전기용량

쿨롱의 법칙을 실험하기 위하여 실험기구를 그림 1과 같이 구성한다. 여기서 전자저울의

양 극판에 고전압의 전원을 공급하면 '평행판 축전기'의 형태를 가지게 된다. 그림 1과 같이, 축전지가 대전되면 극판들은 크기가 같고 부호가 반대인 $+q$와 $-q$의 전하를 갖게 된다. 이때 축전기의 전하는 극판의 절대값인 q를 뜻한다. 극판들은 도체이기 때문에 등전위면이다. 그러나 두 극판 사이에는 전위차가 존재한다. 축전기의 전하 q와 전위차 V는 서로 비례한다. 즉 다음과 같다.

$$q = CV$$

극판의 기하학적인 모양에 따라 결정되는 비례상수 C는 전기용량이라 하고, 주어진 전위차에 대하여 전하를 수용할 수 있는 능력이라 볼 수 있다. 만약 축전기가 평행판이라면 전기용량은

$$C = \varepsilon_0 \frac{A}{d}$$

[**그림 1** 전기력 실험 장치도]

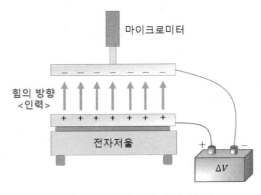

[**그림 2** 평행판에서 힘의 방향]

이다. 여기서 A는 각 판의 내부 표면적이고, d는 두 판 사이의 간격을 나타낸다. 즉, 전기용량 C는 표면적에 비례하고 거리에 반비례함을 알 수 있다.

5. 실험장비

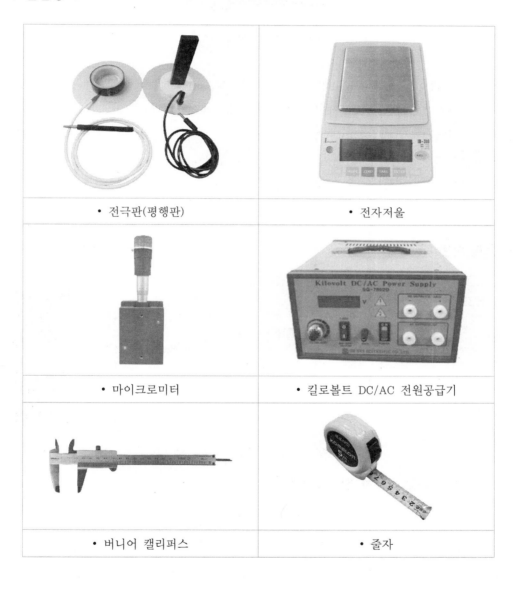

• 전극판(평행판)	• 전자저울
• 마이크로미터	• 킬로볼트 DC/AC 전원공급기
• 버니어 캘리퍼스	• 줄자

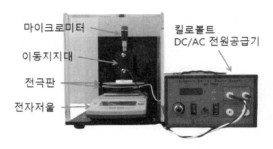

마이크로미터
이동지지대
전극판
전자저울

킬로볼트
DC/AC 전원공급기

[**그림 3** 전기력 실험 장치도]

- 측정용 베이스 : 마이크로미터 부착(최대 25.5 mm)
- 킬로볼트 DC/AC 전원공급기 : DC 0~15 kV, AC 6.3 V
- 전자저울 : 0.01 g 단위, 0.5~300 g
- 고압연결선 : $L = 1000$ mm
- 전극판 : 지름 125 mm, 지름 150 mm

6. 실험방법

실험소개	쿨롱의 법칙-1	
URL	https://youtu.be/PbEHOtazD-M	

실험소개	쿨롱의 법칙-2	
URL	https://youtu.be/6QooZebBYyo	

6.1 질량변화를 이용한 전기력 측정

① 마이크로미터와 연결된 이동지지대에 지름 125 mm 상부 전극판을 연결한다.

② 이동지지대의 마이크로미터를 돌려 눈금이 약 15 mm가 되도록 조정한다.

③ 전자저울의 전원 잭을 연결하고, 하부전극을 전자저울 위에 올려놓는다.

④ 전자저울의 수평조절나사를 사용하여 상부 전극판과 하부 전극판이 가깝게 조절하고, 상부 전극판과 하부 전극판은 평행이 되도록 한다.

⑤ 전자저울의 전원을 켜고, Zero버튼을 눌러 영점 조절을 한다.

⑥ 상부 전극판과 하부 전극판을 전원공급기에 연결한다. (이때 전원공급기의 전원은 OFF상태가 되어야 한다.)

⑦ 마이크로미터를 돌려 상부 전극판과 하부 전극판이 맞닿는 위치를 읽고 기록한다. (마이크로미터를 돌려 상부 전극판을 하강시키면서 저울의 눈금을 관찰한다. 저울의 눈금이 변하기 시작하는 위치가 상부 전극판과 하부 전극판이 맞닿는 위치이다.)

⑧ 마이크로미터를 돌려 두 전극판이 맞닿은 위치에서부터 약 5 mm 정도 떨어지게 한 다음 전원공급기의 전원을 켠다.

⑨ 전압을 1,000 V부터 10,000 V까지 1000V 간격으로 서서히 올리면서 그 때 저울이 나타내는 값을 읽고 기록한다. (이때, 공기의 유전강도를 참고로 하여, 너무 높은 전압을 걸지 않도록 주의한다.)

⑩ 두 전극판의 간격을 10 mm로 변화시켜 앞의 실험을 반복한다.

⑪ 데이터로부터 질량변화에 대한 측정값과 계산 값을 비교해보고 실험오차를 구한다.

⑫ 상부와 하부 전극판을 지름이 150 mm인 전극판으로 바꾸어 실험을 반복한다.

6.2 사용상 주의 사항

• 공기의 유전강도는 3 MV/m이므로 너무 높은 전압을 가하지 않도록 주의한다.

• 전자저울은 매우 민감하므로 수평을 맞추어야 한다. 오차의 원인이 될 수 있다.

• 전원 공급 후 전극판 간격을 너무 가깝게 하거나 수평이 맞지 않으면 전기 불꽃이 튀므로 주의해야 한다. 스파크가 발생 경우 고전압이므로 직접 만지지 않도록 한다.

• 고압 단자는 어떠한 경우에도 직접 만지지 않도록 한다.

• +극판에는 충전된 전하가 있을 수 있으므로 절연봉을 사용하여 −단자를 접촉시켜 중성화시키도록 한다.

7. 다른 실험방법 구상

[실험구상 01   캐번디시의 실험(Cavendish experiment)과 쿨롱의 실험을 비교 설명해 보자.]

• 쿨롱의 실험 구조와 캐번디시 실험의 구조를 비교하여 논해보자.
• 전기력과 만유인력의 공통점과 차이점을 비교 분석해 보자.

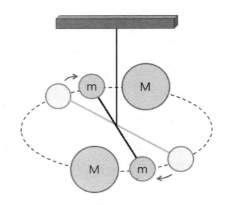

[**그림 4** 비틀림균형장치(Torsion Balance Instrument)]

담당교수 : _____ 교수님

실험일	월 일	제출일	월 일
학번		이름	
( )조 조원이름	• • •		

▷ **전극판 지름 :** _____ , $d =$ _____ **(전극판 사이 간격)**

1) 질량 계산

전압 (V)	m(실험값)			이론 계산 값	오차 (%)
	1회	2회	평균	$m = \epsilon_0 \dfrac{A V^2}{2 d^2 g}$	
1,000					
2,000					
3,000					
4,000					
5,000					
6,000					
7,000					
8,000					
9,000					
10,000					

- 전압변화에 따른 질량의 변화를 그래프로 그려라.

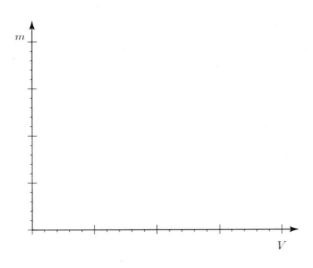

2) 전기력 계산

전압 (V)	실험값 $\Delta m\,[\text{kg}]$	실험값을 이용한 계산 값 $F = \Delta mg$	이론 계산 값 $F = \dfrac{\varepsilon_0 A V^2}{2d^2}$	오차 (%)
1,000				
2,000				
3,000				
4,000				
5,000				
6,000				
7,000				
8,000				
9,000				
10,000				

• 전압변화에 따른 힘의 변화를 그래프로 그려라.

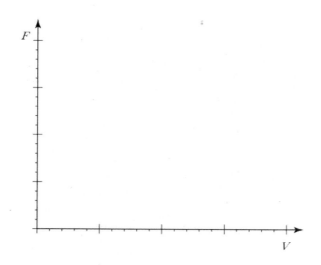

▷ **전극판 지름 :** _____ , $d =$ _____ **(전극판 사이 간격)**

1) 질량 계산

전압 (V)	m(실험값)			이론 계산 값 $m = \epsilon_0 \dfrac{A V^2}{2 d^2 g}$	오차 (%)
	1회	2회	평균		
1,000					
2,000					
3,000					
4,000					
5,000					
6,000					
7,000					
8,000					
9,000					
10,000					

• 전압변화에 따른 질량의 변화를 그래프로 그려라.

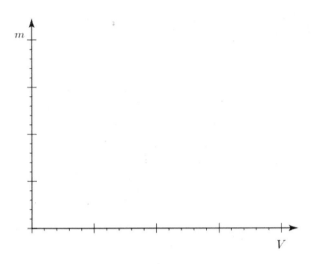

2) 전기력 계산

전압 (V)	실험값 $\Delta m\,[\mathrm{kg}]$	실험값을 이용한 계산 값 $F = \Delta mg$	이론 계산 값 $F = \dfrac{\varepsilon_0 A V^2}{2d^2}$	오차 (%)
1,000				
2,000				
3,000				
4,000				
5,000				
6,000				
7,000				
8,000				
9,000				
10,000				

• 전압변화에 따른 힘의 변화를 그래프로 그려라.

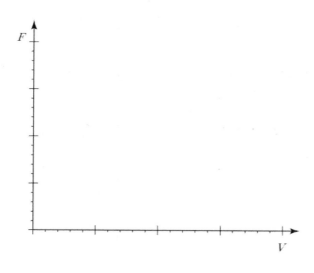

3) 쿨롱 상수 계산

▷ 유전율 계산

직경(mm)	극판사이 간격	유전율	실험 오차
125	$d = 5\,\text{mm}$		
	$d = 10\,\text{mm}$		
150	$d = 5\,\text{mm}$		
	$d = 10\,\text{mm}$		

▷ 쿨롱상수 계산

실험한 데이터를 이용하여 쿨롱 상수를 계산하고, 실험 오차를 구한다.

직경(mm)	극판사이 간격	쿨롱상수	실험 오차
125	$d = 5\,\text{mm}$		
	$d = 10\,\text{mm}$		
150	$d = 5\,\text{mm}$		
	$d = 10\,\text{mm}$		

[실험구상 01 캐번디시의 실험(Cavendish experiment)과 쿨롱의 실험을 비교]

실험 제목 : _____

• 쿨롱의 실험방법을 그리고 설명	• 캐번디시 실험방법을 그리고 설명

• 전기력과 만유인력의 공통점과 차이점을 비교 분석

〈질문〉

➡ 아래 질문에 답하시오.

　답변할 때는 자료를 찾아보고 토론해본 후 스스로 정리해보면 해결해야 할 문제에 대한 이해도가 높아지고 응용력도 향상됩니다.

---

1) 본 실험에서 오차의 원인은 무엇인가?
2) 오차를 줄일 수 있는 아이디어를 생각해보고 방법을 서술하시오.
3) 쿨롱의 법칙을 쓰고 의미를 설명하시오.
4) 두 개의 점전하 $q_1 = 13.5\,\text{nC}$와 $q_2 = -55.0\,\text{nC}$가 $4.50\,\text{cm}$ 만큼 떨어져 있을 때 전기력의 크기를 구하라.
5) 본 실험을 수행하는 과정에서 전기적 스파크(번개)가 발생할 수 있다. 그 이유에 대해서 설명하시오.
6) 측정 결과를 이용하여 전기적 힘이 V와 d에 대하여 어떻게 변하는지를 설명하시오.
7) 본 실험에서 전압이 증가하면 전자저울은 무게가 줄어드는 $-$(음) 값을 나타내는데, 무게가 줄어드는 이유를 설명하시오.

▷ 답변 :

〈실험결과 요약〉

▣ 서론 본론 결론 형식으로 자유롭게 기술하세요.

논문형식의 기술적 글쓰기(Technical Writing)를 통해서 주장하는 내용에 대한 의미전달 능력을 향상시킬 수 있고 창의적 생각 또한 키워나갈 수 있습니다.

실험제목 :

작성자 신원 :

〈서론〉

〈본론〉

〈결론〉

〈참고문헌〉

◘ 전기력 F와 질량 변화 m값 유도 과정

축전기를 대전시키기 위해서는 외부에서 일을 해주어야만 한다. 먼저, $-q$판으로부터 $+q$판으로 미소전하 dq를 옮기는 데 필요한 일은

$$dW = \Delta V dq = \frac{q_0}{C} dq$$

이고, $q_0 = 0$ 로부터 $q_0 = q$ 로 축전기를 충전시키는 데 필요한 전체 일은

$$W = \int_0^q \frac{q_0}{C} dq = \frac{q^2}{2C}$$

이다. 축전기를 충전시킬 때 한 일은 축전기에 저장된 위치에너지 U와 같으므로

$$U = \frac{q^2}{2C}$$

로 축전기에 저장된다. 한편 식 $q = cV$로부터

$$U = \frac{CV^2}{2}$$

로 쓸 수도 있다. 또한 일의 정의 $W = F \cdot d$에서, 위에 정의한 일에 대한 식은

$$W = F \cdot d = \frac{CV^2}{2}$$

으로 쓸 수 있고, 그림 6과 같이 단면적이 A인 두 도체 평행판이 대전되어 d만큼 떨어져 전위차가 V가 되었을 때, 전기적 힘은

$$F = \frac{CV^2}{2d} = \frac{1}{2d}\left(\varepsilon_0 \frac{A}{d}\right)V^2$$

에서

$$\therefore F = \varepsilon_0 \frac{A V^2}{2d^2}$$

이다. 또한 힘은 $F = mg$ 이므로

$$mg = \varepsilon_0 \frac{AV^2}{2d^2}$$

이고, 정리하면

$$\therefore \ m = \varepsilon_0 \frac{AV^2}{2d^2 g}$$

와 같이 표현되고, 실험에 사용한 평행판의 면적은 지름이 각각 $125\,\mathrm{mm}$와 $150\,\mathrm{mm}$인 원형 평행판을 사용하였으므로 면적을 계산해보면 $A = 0.0123\,\mathrm{m}^2$ 와 $A = 0.0177\,\mathrm{m}^2$ 이다.

▷ 단위 환산
• $\mathrm{J = Nm = FV^2}$
• $\mathrm{N = (F/m)m^2\,V^2/m^2 = FV^2/m = J/m = kgm/s^2}$

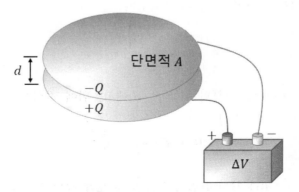

[**그림 6** 대전된 평행판]

☑ 현재 인류는 지구를 벗어나 우주로 나가고 있습니다. 우주개발 역사를 조사해보고 가까운 미래에 여러분들의 생활 모습을 상상해보세요.

◆ 우주선 공학

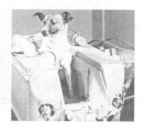

✓ 스푸트니크 1호(Спутник-1)
"여행의 동반자"란 뜻

✓ 소련이 1957년 10월 4일에 타원형의 지구 저궤도로 발사한 최초의 인공위성

✓ 스푸트니크 2호는
1957년 11월 3일

✓ "라이카"
✓ 우주로 나간 최초의 생명체
✓ 생명반응에 대한 정보

[사진: 위키백과]

◆ 우주선 공학

➤ 아폴로 11호(Apollo 11)
✓ 1969년 7월 16일(발사)
✓ 1969년 7월 20일(고요의 바다에 착륙)
✓ 1969년 7월 24일(착수)
✓ 처음으로 달에 착륙한 유인 우주선

✓ (International Space Station, ISS)은 러시아와 미국을 비롯한 세계 각국이 참여하여 1998년에 건설이 시작된, 연구시설을 갖춘 다국적 우주정거장이다.

[사진: 위키백과]

◆ 우주선 공학

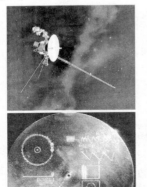

➢ 보이저(Voyager) 2호
- 미국의 태양계 탐사선으로,
  무게는 722 kg 이다.
- 1977년 8월 20일에 발사
- 1979년 7월 9일에 목성을,
- 1981년 8월 26일에 토성을,
- 1986년 1월 24일에 천왕성을,
- 1989년 2월에 해왕성을 지나가며
→ 많은 자료와 사진을 전송함.

➢ 골든 레코드
✓ **115개의 그림과 파도, 바람, 천둥, 새
  와 고래의 노래와 같은 자연적인 소리,
  서로 다른 문화와 시대의 음악, 55개
  의 언어로 된 인사말, 등**

[사진: 위키백과]

전기장선과 등전위선 측정

1. 실험목표

　전기장이 형성된 수조 안에서 전극의 형태에 따른 등전위선의 모양 및 전기장의 방향을 측정하여 전기장의 개념을 이해한다. 원천전하로부터 멀어지는 거리에 따라 전위의 크기가 어떻게 변하는지를 측정하여, 다양한 원천전하들이 만드는 전지장선과 전위와 전기장을 그려보면서 이 세 가지 물리량의 기하학적 모양 사이에 있는 특성관계들을 알아본다. 공간적으로 장이 형성되는 모양을 확장하여 생각해 보고 우리가 살고 있는 실제 공간에 무수히 얽힌 전기장 및 자기장 그리고 중력장 등의 모양을 상상해 본다.

2. 학습목표

◆**학습목표 : 전기장, 전위, 등전위면 이해**

❖ **아래 내용에 대한 개념을 정리해 보고 실험을 구상해 보세요.**

- 전기장의 정의와 개념을 이해해 본다.
- 전기장선(전기력선)의 특성을 이해하고 그림으로 표현해 본다.
- 전위의 정의를 학습한다.
- 등전위선의 개념을 이해하고 그림으로 표현해 본다. 일의 개념과 연관시켜 특성을 이해한다.
- 관련 실험을 구상해 본다.

Alessandro Giuseppe Antonio Anastasio Volta,
1745년 ~ 1827년, 그림: 위키백과

3. 기본 개념에 대한 이해

◆ 전기장과 전기장선

■ 점전하가 만드는 전기장

・ 쿨롱의 법칙에서

$$F = \frac{1}{4\pi\varepsilon_o}\frac{|q||q_0|}{r^2}$$

・ 전기장 정의에서

$$\vec{E} = \frac{\vec{F}}{q_0} = \frac{\left(\frac{1}{4\pi\varepsilon_o}\frac{qq_0}{r^2}\hat{r}\right)}{q_0}$$

$$\vec{E} = \frac{1}{4\pi\varepsilon_o}\frac{q}{r^2}\hat{r}$$

✓ 전기장은 역제곱법칙에 따라 줄어 듬 → $\frac{1}{r^2}$

・ 양전하와 음전하의 전기장선

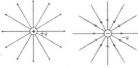

・ 양전하와 음전하가 만드는 전기장선

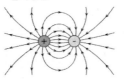

❖ 개념이해
눈에 보이지 않는 전기장(electric field)을 시각화 한 것이 전기장선(electric field lines, 전기력선)이다. 패러데이(M. Faraday)는 역선의 개념을 도입하였고, 1865년 맥스웰(J. C. Maxwell)에 의해서 전기장이 공식적으로 전자기이론에 도입되었다. 전기장선의 특성을 알아보고, 점전하, 양전하와 음전하, 양전하와 양전하 등이 만드는 전기장선을 그려보자.

◆ 전위와 등전위면

■ 전위(electric potential)

・ 전기력이 전하에 한 일

$$W = \vec{F} \cdot \Delta\vec{s}$$

$$W = q_0\int_i^f \vec{E}\cdot d\vec{x}$$

・ 전기 위치 에너지 (electric potential energy)

$$\Delta U = -W$$

$$\Delta U = -q_0\int_i^f \vec{E}\cdot d\vec{x}$$

・ 전위차 (potential difference)

$$\Delta V = \frac{\Delta U}{q_0}$$

$$\Delta V = \frac{\Delta U}{q_0} = -\int_i^f \vec{E}\cdot d\vec{s}$$

■ 등전위면 (equipotential surface)

→ 모든 점들이 같은 전위에 있는 면

・ 등전위면은 → 전기력선과 모든 점에서 수직
・ 장이 더 강한 곳에서
  → 등전위면이 밀집한 영역
・ 전기장은 항상 최대 전위가
  → 감소하는 방향을 가리킴

❖ 실험구상
본 실험에서는 물을 담을 수 있는 수조에 도체판을 넣고 등전위면(선)을 찾을 예정이다. 전장과 등전위면을 알 수 있는 다른 방법의 실험을 구상해 보자.

4. 이론 및 원리

4.1 전기장에 대한 개념

개념이해	전기장
URL	https://youtu.be/emc1_171lks

원천전하 q가 만드는 전기장 속에 양의 시험전하 q_o를 넣었다. 원천전하가 시험전하가 놓여있는 위치 P에 만드는 전기장 E의 크기는

$$E = \frac{F}{q_o}$$

로 정의되고, 단위는 N/C이다. 전기장 안에 있는 시험전하가 받는 힘은

$$F = q_0 E$$

이고, 전기장의 방향은 양의 시험전하가 받는 힘의 방향이다.

개념을 좀 더 명료하게 이해하기 위해서 두 전하 사이의 전기력 F를 대입해 보자.

$$E = \frac{F}{q_o} = \frac{\left(\dfrac{1}{4\pi\varepsilon_o} \dfrac{qq_o}{r^2} \right)}{q_o}$$

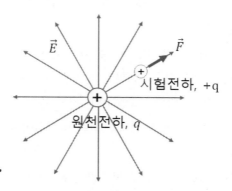

[**그림 1** 원천전하가 만드는 전기장]

가 되고, 구하고자 하는 전기장의 크기는

$$E = \frac{1}{4\pi\varepsilon_o} \frac{q}{r^2}$$

이 됨을 알 수 있다. 식에서 시험전하 q_0는 삭제되어 없어지고 원천전하 q만 남는 것에 유의하자.

4.2 전위에 대한 개념

개념이해	등전위면/전위/전기위치에너지
URL	https://youtu.be/jur87tg1CL4

전위차를 가진 두 전극 사이에는 항상 전기장이 존재한다. 시험전하 q가 이 전기장 내에서 힘 $\vec{F}$를 받을 때, 그 점에서의 전기장은 $\vec{E} = \vec{F}/q_0$ 로 정의된다. 한편, 그 점의 전위 V는 단위전하당의 위치에너지로 정의된다. 전기장은 벡터량이며 단위는 m·kg/s²C, N/C 또는 V/m이다. 양의 실험 점전하가 전기장으로부터 받는 힘의 방향은 전기장의 방향과 같고, 음의 실험 점전하의 경우는 그 반대방향이다.

그러므로 양의 근원 점전하(point charge)가 만드는 전기장의 방향은 전하로부터 방사형으로 발산하는 방향이고, 음의 근원 점전하의 경우는 방사형으로 수렴하는 방향이다. 전기장의 크기는 근원 점전하로부터의 거리의 역제곱에 비례(inverse square law)한다. 이와 같은 크기와 방향을 고려하면 점전하의 전기장벡터를 화살표의 방향과 길이를 사용하여 기하학적으로 표시할 수 있다

전기장 내에서는 같은 전위를 갖는 점들이 존재한다. 이 점들을 연결하면 3차원에서는 등전위면을, 2차원에서는 등전위선을 이룬다. 전기장선(전기력선)이나 등전위면은 전기장 내에서 무수히 많이 그릴 수 있다. 그림 2의 (b)와 같이 하나의 점전하 Q가 만드는 전기장의 전기장선은 Q가 있는 점을 중심으로 하는 방사선이며 등전위면은 Q점을 중심으로 하는 동심구면이 된다.

등전위면 위에서 전하를 이동시키는 데 필요한 일은 "0"이므로, 그 점에 접선인 방향의 전기장의 값은 0이다. 따라서 전기장의 방향은 그 면에 수직이다. 전기장이 일을 한다는

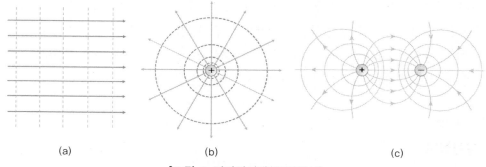

(a)   (b)   (c)

[**그림 2** 전기력선과 등전위선]

것은 점전하가 전위의 높은 곳에서 낮은 곳으로 이동해 가는 경우이므로, 전기장선은 전위의 높은 곳에서 낮은 곳으로 향한다.

따라서 전기장 $\vec{E}$의 방향은 그 점에서 전위 V가 가장 급격히 감소하는 방향이며, 그 방향으로의 미소 변이를 $d\vec{r}$이라 하면, $\vec{E}$와 V 사이의 관계식은

$$V = -\int \vec{E} \cdot d\vec{r}$$

이 되고 이 식이 전위의 정의이다. 미분형태로 표현하면

$$\vec{E} = \frac{dV}{dr}\hat{r}$$

로 표현된다. 따라서 전기장 $\vec{E}$는 등전위선(면)에 수직이 된다. $\hat{r}$은 등전위면(선)에 수직인 단위벡터이다. 편의상 2차원 평면에 대해서 실험적인 이론을 생각해 보자. 어떤 도체판의

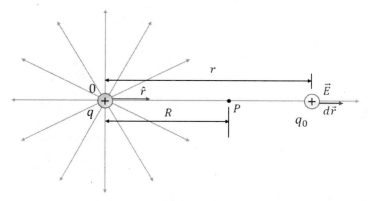

[**그림 3** 원천전하가 만드는 전위]

두 단자를 통해서 전류를 흘릴 때, 도체판 내에서의 전류의 유선의 방향은 전기장의 방향을 나타낸다. 이 유선에 수직인 방향에는 전류가 흐르지 않으므로 전위차도 없다. 이와 같은 점을 이은 선은 등전위선이 된다. 따라서 도체판사이의 두 점 사이에서 전류가 흐르지 않는다면, 이 두 점은 등전위선 상에 있는 점이다.

5. 실험장비

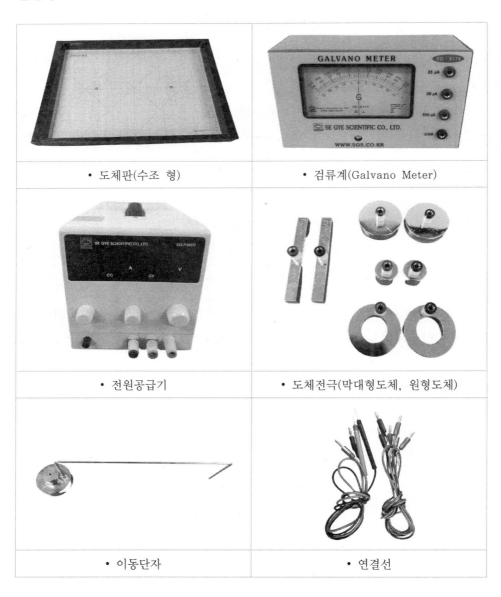

• 도체판(수조 형)	• 검류계(Galvano Meter)
• 전원공급기	• 도체전극(막대형도체, 원형도체)
• 이동단자	• 연결선

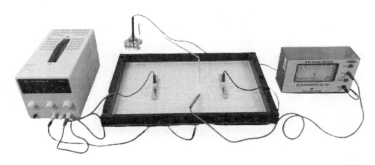

[그림 4 전체 실험구조]

6. 실험방법

실험을 임하기 전에 주의사항을 이해해 보자. 주의사항을 잘 숙지하고 있어야 실험에서 발생하는 오차를 줄일 수이고 안전사고에 대비할 수 있다.

- 얇은 도체판에 물이 넘치지 않도록 주의한다.
- 검침봉을 이용하여 등전위점을 찾을 때, 검침봉을 수직으로 조심스럽게 댄다. 세게 찍거나 끌지 않도록 한다.
- 실험 시 감전 사고에 주의하여, 전극 또는 도체 교체 시 반드시 전원을 끄고 교체한다. 본 실험에서는 전압이 9 V 정도이므로 도체판위의 유체(물)에 손을 넣어도 인체에는 거의 영향은 없다.
- 물에서의 분극 현상으로 인해 등전위선이 매끄러운 선이 되지 않을 수 있음에 유의한다.

[실험 01 도체막대와 원형전극이 만드는 등전위선 측정]

① 얇은 도체판에 전류가 흐를 수 있도록 전도용액을 적당량 붓는다. 수돗물을 이용하면 된다.
② 전원공급기와 전극으로 사용할 도체를 연결선으로 연결한다. 막대형도체에 +극, 원형도체에 −전극을 연결한다. 이때 전원공급기의 전원은 꺼놓고 있어야 한다.
③ 검류계에 이동단자와 검침봉을 연결하고 검류계의 영점조정을 맞춘다.
④ 전원공급기의 스위치를 켜고 전압을 9 V 정도 인가한다.

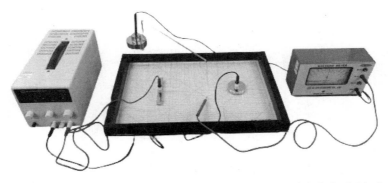

[**그림 5** 막대형도체와 원형도체를 전극으로 이용한 등전위선 측정 회로]

⑤ 이동단자를 측정하려는 임의의 지점에 놓는다. 이때 이동단자의 위치가 변하지 않도록 주의한다.

⑥ 검침봉을 이용하여 도체판에서 검류계의 수치가 0이 되는 전류가 흐르지 않는 지점을 5개 정도 찾아 모눈종이에 점으로 표시하고, 점 들을 선으로 연결하여 등전위선을 그린다.

⑦ 하나의 등전위선을 찾았으면 이동단자를 다른 임의의 위치에 놓고 위 과정을 반복한다.

⑧ 이렇게 이동단자와 검침봉을 이용하여 4에서 5개 정도 등전위선을 찾아 모눈종이에 그린다.

[실험 02 두 개의 원형전극이 만드는 등전위선 측정]

① 전극을 원형도체 두 개로 바꾸어 위 실험을 반복한다.

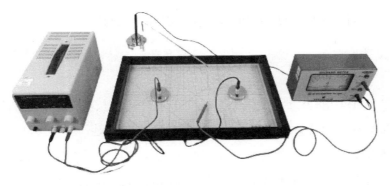

[**그림 6** 두 개의 원형도체를 전극을 이용한 등전위선 측정 회로]

② 임의의 위치에 이동전극을 놓고 5개 정도 전류가 0인 지점을 찾아 모눈종이에 점으로 표시하고, 점들을 선으로 연결하여 등전위선을 그린다.

③ 이동전극의 위치를 변경하며 4에서 5개 정도의 등전위선을 찾아 모눈종이에 그린다.

7. 다른 실험방법 구상

아래 두 경우를 가정하여 등전위선의 모양을 그려보자. 실제 실험한 경험과 등전위선에 대한 이론적 지식을 바탕으로 사고실험을 해보면 된다.

[실험구상 01 막대전극 두 개와 사이에 원형도체를 놓은 경우를 가장하여 등전위선을 그려보자.]

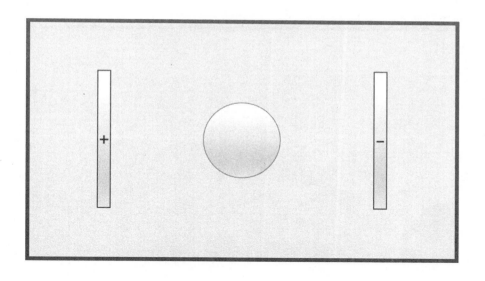

[실험구상 02 막대전극 두 개와 사이에 속빈 원형도체를 놓은 경우를 가장하여 등전위선을 그려보자.]

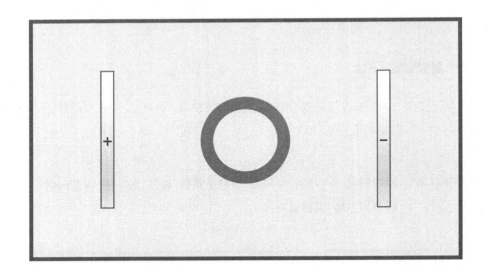

실험 04 전기장선과 등전위선 측정   결과보고서

담당교수 : _____ 교수님

실험일	월 일	제출일	월 일
학번		이름	
( )조 조원이름	• • •		

[실험 01 도체막대와 원형전극이 만드는 등전위선 측정]

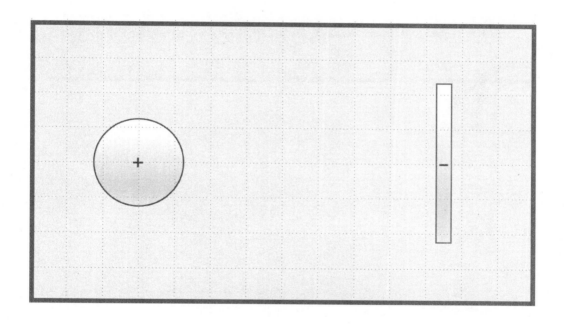

[실험 02 두 개의 원형전극이 만드는 등전위선 측정]

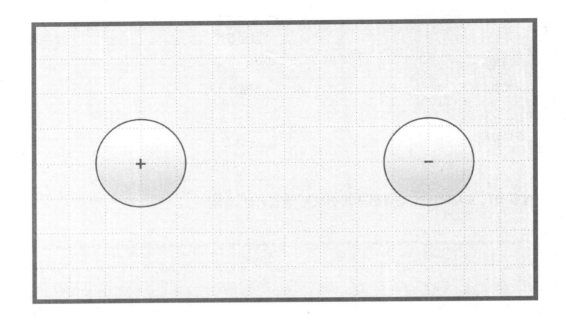

[실험구상 01]

실험 제목 : _____

• 원리를 설명하라.	
• 등전위선을 그리시오.	

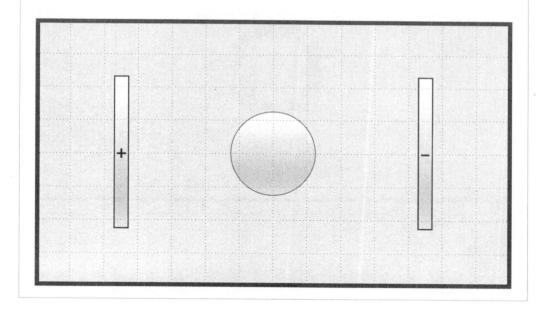

- 원리를
  설명하라.

- 등전위선을 그리시오.

◪ 아래 질문에 답하시오.

　답변할 때는 자료를 찾아보고 토론해본 후 스스로 정리해보면 해결해야 할 문제에 대한 이해도가 높아지고 응용력도 향상됩니다.

---

1) 본 실험에서 오차의 원인은 무엇인가?

2) 오차를 줄일 수 있는 아이디어를 생각해보고 방법을 서술하시오.

3) 전기장에 대한 식을 쓰고 의미를 설명하시오.

4) 전위에 대한 식을 쓰고 의미를 설명하시오.

5) 순수한 물은 전기가 통할까? 본 실험에서는 전도용액으로 수돗물을 사용하고 있는데 전기가 통하는 이유를 설명하시오.

6) 양전하(+)와 음전하(−)가 있을 때 전기장선(전기력선), 등전위선을 그리고 전기장의 방향을 표시하시오.

4) 본 실험에서 왜 검류계가 0인 지점을 찾아야 등전위선을 찾을 수 있는지 설명하시오.

5) 본 실험 중에 전도용액(물) 속에 손가락을 넣으면 각 전극에 따라 예상되는 등전위선이 제대로 나오지 않는다. 그 원인이 무엇인지 설명하시오.

6) 수조 안에 양(+)전극만 설치하는 경우에도 등전위선을 측정할 수 있는가? 그렇지 않다면 그 이유를 설명하시오.

▷ 답변 :

〈실험결과 요약〉

▶ 서론 본론 결론 형식으로 자유롭게 기술하세요.

　　논문형식의 기술적 글쓰기(Technical Writing)를 통해서 주장하는 내용에 대한 의미전달 능력을 향상시킬 수 있고 창의적 생각 또한 키워나갈 수 있습니다.

실험제목 :
작성자 신원 :

〈서론〉

〈본론〉

〈결론〉

〈참고문헌〉

☑ 화성 탐사선들에 대해서 자료를 조사해 보고 화성을 개척할 수 있는 방법에 에 대해서 생각해 보세요.

◆ 우주선 공학

➤ Mars Pathfinder
✓ 1997년에 화성에 착륙한 무인 착륙선과 이동식 로버를 지칭하는 말
✓ 착륙지는 화성의 북반구에 위치한 아레스 발리스로 암석이 많은 지대

➤ JPL에서 조립 중인 패스파인더

➤ *Sojourner*

➤ **Mars Pathfinder**
✓ 1997년에 화성에 착륙한 무인 착륙선

사진: 위키백과

▪ 우주 공학_NASA의 화성 지표면 로봇 탐사 계획

이름	바이킹 1·2 호	마스 패스파인더 & 소저너	스피릿 & 오퍼튜니티	피닉스	큐리오시티	인사이트	마스 2020
활동 기간	1976년 ~ 1982년	1997년	2004년 ~ 현재	2008년	2012년 ~ 현재	2018년 5월 5일	**2020년 7월 30일 발사**
착륙 방식	낙하산과 역추진로켓	낙하산과 에어백	낙하산과 에어백	낙하산과 역추진로켓	스카이크레인	낙하산과 역추진로켓	**생명체 거주여부 화성 고대 환경 화성 지표의 역사**

사진: 위키백과

실험 05

평행판 축전기의 전위차 측정

1. 실험목표

전기를 저장하고 활용하는 방법에 대한 이해는 매우 중요하다. 평행판 축전기에 전하를 발생시킨 후 그 전하의 존재를 알아보며 평행판 축전지의 전위차를 측정해 보고 전기용량과의 관계를 살펴본다.

2. 학습목표

◆ 학습목표 : 축전기의 전위차와 전기용량 이해

❖ 아래 내용에 대한 개념을 정리해 보고, 실험을 구상해 보세요.

· 전기장을 계산할 때 Gauss 법칙을 사용하면 편리하다. 장점을 토론해 본다.

· 전기용량의 개념을 이해하고 축전기의 종류와 쓰임을 조사해 본다.

· 전기를 저장할 수 있는 다른 현대적 방법들을 조사해보자.

· 관련실험을 구상해 본다.

Johann Carl Friedrich Gauss
1777년 ~ 1855년
[그림: 위키백과, 1840년]

3. 기본 개념에 대한 이해

◆ 유전체(Dielectrics)에 대한 이해

- 유전체를 넣기 전과 넣은 후의 전압 비교

- 비극성 유전체

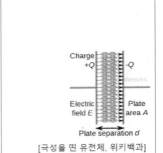

❖ 실험이해
축전지 사이에 유전체를 넣게 되면 중요한 변화가 일어난다. 이 변화에 대해서 조사해 보고 토론해 보자.

- 유전상수 κ와 전압과의 관계식

$$\triangle V = \frac{\triangle V_0}{\kappa}$$

$$C = \frac{Q_0}{\triangle V} = \frac{Q_0}{\triangle V_0 / \kappa}$$

$$C = \kappa C_0$$

✓ 비극성 유전체의 합성 전기장

[극성을 띤 유전체, 위키백과]

- 유전체를 채면 → 전기용량이 유전상수(κ배) 만큼 증가함
- 이유 : 총 전하는 변하지 않지만 → 전위차는 감소하게 되므로 → 전기용량은 상대적으로 증가하게 됨

◆ 축전기와 전기용량을 계산하는 방법

1) 극판에 전하 q가 있다고 가정을 하고
2) Gauss 법칙을 이용하여 → 전기장 E를 구하고
3) 극판사이의 전위차 ΔV를 계산하고
4) 전기용량 관련 식에 대입하여 C를 구한다.

❖ 심화학습
전기 용량을 전기적 퍼텐셜 에너지로 저장하는 축전기는 매우 중요한 소자이다. 축전기의 종류를 조사해보고 제작하는 방법에 대해서 토론해 보자.

1) Calculating the Electric Field

$$\oint \vec{E} \cdot d\vec{A} = \frac{q_{in}}{\varepsilon_0}$$

2) Calculating the Potential Difference

$$\triangle V = -\int_i^f \vec{E} \cdot d\vec{s}$$

3) Calculating the Capacitance

$$C = \frac{Q}{\triangle V}$$

- 전기용량의 단위

$$\mu F = 10^{-6} F$$
$$nF = 10^{-6} F$$
$$pF = 10^{-12} F$$

1 farad (F) = 1 coulomb/volt (C / V)

[1745년 최초의 축전기 형태인 라이덴병 위키백과]

4. 이론 및 원리

4.1 Gauss의 법칙(Gauss's Law)

개념이해	Gauss의 법칙(Gauss's Law)
URL	https://youtu.be/kZr_4I7TjuA

전하분포가 대칭적인 경우에 Gauss의 법칙을 이용하면 전기장을 계산할 수 있다. 그림 1과 같이 양의 점전하 q가 반지름이 r인 구의 중심에 있을 때 Gauss 면을 통과하는 알짜 전기선속은

$$\Phi_E = \oint \vec{E} \cdot d\vec{A}$$

으로 주어진다. 점전하 q가 만드는 전기장 $\vec{E}$ 을 대입하고, 미소면적벡터 $d\vec{A}$를 크기와 방향 $dA\hat{r}$로 쓰면

$$\Phi_E = \oint k\frac{q}{r^2}\hat{r} \cdot dA\hat{r}$$

이다. 식을 내적을 고려하여 쓰면

$$\Phi_E = k\frac{q}{r^2}\oint dA = \frac{1}{4\pi\varepsilon_0}\frac{q}{r^2}(4\pi r^2)$$

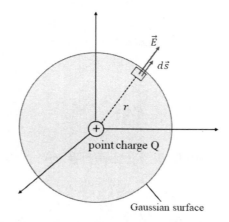

[**그림 1** 점전하가 만드는 전기장과 가우스면]

와 같이 알짜 전기선속을 스칼라량으로 계산할 수 있고

$$\Phi_E = \frac{q_{in}}{\varepsilon_0}$$

이 된다. 이 식을 Gauss의 법칙이라고 하며, 적분형태로 일반화시키면

$$\oint \vec{E} \cdot d\vec{A} = \frac{q_{in}}{\varepsilon_0}$$

와 같이 표현된다.

4.2 평행판 축전기

개념이해	평행판 축전기의 전기용량
URL	https://youtu.be/UK1DIvOPKDQ

평행판 축전기에서 전기장과 전위차를 계산하여 전기용량을 구해보자. 도체 평행판은 그림 2와 같은 구조로 이루어져 있으며 평행판의 면적은 A이고, 평행판 사이는 거리 d만큼 떨어져 있다.

1) 전기장 구하기

Gauss 법칙을 이용하여 전기장을 구하면

$$\oint \vec{E} \cdot d\vec{s} = \frac{q_{in}}{\varepsilon_0}$$

에서

$$EA = \frac{q_{in}}{\varepsilon_0}$$

와 같이 단순한 형태로 표현된다. 평행판에 축적된 전하를 Q라 하면 $q_{in} = Q$이 되어 구하고자 하는 전기장은

$$E = \frac{Q}{\varepsilon_0 A}$$

이다. 만약 면전하 밀도가 σ로 주어면 $q_{in} = \sigma A$ 이므로

$$E = \frac{\sigma}{\varepsilon_0}$$

로도 쓸 수 있다.

2) 전위차 구하기

그림 2에서와 같이 양으로 대전된 시험전하가 +쪽에서 −쪽으로 이동하는 경로를 고려하여 전위차를 구해보자. 전위차의 정의는

$$\triangle V = -\int_i^f \vec{E} \cdot \vec{ds}$$

이므로, 이 식에 전기장을 대입하여 전위를 구할 수 있다. 시험입자의 초기위치 0으로 하고 나중위치를 d라 하면

$$\triangle V = = -\int_0^d E dx = -\int_0^d \frac{Q}{\varepsilon_0 A} dx$$

가 된다. 전하의 이동경로는 x축으로 잡았다. 간단하게 정리하면 전위차는

$$\triangle V = -\frac{Qd}{\varepsilon_0 A}$$

이다. 음의 부호(−)는 전위가 높은 쪽에서 낮은 쪽으로 전하가 이동했음을 뜻한다.

3) 전기용량 구하기

전기용량의 정의

$$C = \frac{Q}{|\triangle V|}$$

에 전위차를 대입하여 전기용량을 구할 수 있다. 평행판 축전기의 전기용량은

$$C = \varepsilon_0 \frac{A}{d}$$

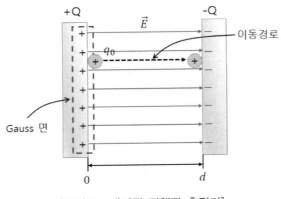

[**그림 2** 대전된 평행판 축전기]

이다. 전기용량은 평행판의 면적 A를 크게 하고, 두 도체판 사이의 거리 d가 가까워야 커짐을 알 수 있다.

본 실험에 쓰이는 평행판 축전기가 1cm 간격으로 떨어져 있다면 기하학적인 전기용량은 다음과 같이 주어진다.

$$C = \varepsilon_0 \frac{A}{d} = \frac{0.085 \text{ pF/cm} \times \pi (10 \text{ cm})^2}{1 \text{ cm}} = 26.7 \text{ pF}$$

따라서 거리 d가 멀어지면 전기용량 C는 감소하고 가까워지면 C는 증가한다. $Q = CV$ 이므로 일정한 전하 Q로 대전된 평행판 축전기의 경우 거리가 가까워지면 전위차 V는 감소하고 멀어지면 전위차 V는 증가한다.

4.3 유전체 삽입

유전체란 광물성 기름이나 플라스틱 같은 절연체 물질이다. 이 유전체가 축전기 극판 사이의 공간을 채우면 전기용량이 변화된다. 이것은 1837년 Michael Faraday가 처음으로 조사하였다. 아래 표에는 몇 가지 유전체와 유전상수가 나와 있다. 진공의 유전상수는 1로 정의했다. 공기는 대부분이 빈 공간이므로 측정된 유전상수는 1보다 그리 크지 않다. 유전체를 삽입할 때의 또 다른 효과는 극판 사이에 걸릴 수 있는 퍼텐셜값에 어떤 한계값 $V_{\max}$가 있다는 것이다. 그 값을 많이 넘게 되면 유전체 물질은 파괴되어 극판 상이에 전도 경로가 형성된다. 모든 유전체 물질은 각각 특성적인 유전한계를 가지고 있으며 이 값은 유전체가 파괴되지 않고 견딜 수 있는 최대 전기장의 크기이다. 몇 개의 유전한계 값이 표에 실려 있다.

그림 3에서와 같이 평행판 축전기에 유전체를 삽입하면 전기용량 C는 증가한다. 자유공간에서의 유전율 ε_0과 물질에서의 유전율 ε 사이에는

$$\kappa = \frac{\varepsilon}{\varepsilon_0}$$

인 관계가 있다. 기호 κ는 유전 상수이다. 물길에서의 유전율은 자유공간에서의 유전율보다 항상 크므로 평행판 사이에 유전물질을 넣게 되면 전기용량은 더 커지게 된다.

▷ 물질의 유전상수와 유전강도

물 질	유전상수(κ)	유전강도(MV/m)
진공	1	–
공기	1.00054	3
이산화티타늄(titanium dioxide)	100	6
물	78	–
네오프렌(neoprene)	6.9	12
진홍색 운모(ruby mica)	5.4	160
파이렉스 유리(pyrex glass)	4.5	13
변압기용 기름(transformer oil)	4.5	12
용융 석영(fused quartz)	3.8	8
종이	3.5	14
폴리스티렌(polystyrene)	2.6	25

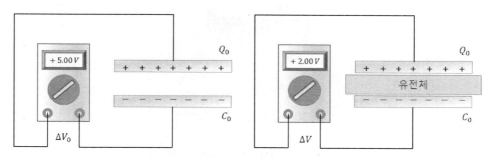

[그림 3 유전체를 삽입한 경우]

5. 실험장비

• 평행판	• 전위계(Electrometer)
• 전원 공급기	• BNC 케이블
• 축전기	• 버니어 캘리퍼스

[**그림 4** 평행판 축전기 실험 장치도]

6. 실험방법

실험소개	평행판 축전기
URL	https://youtu.be/0fRE3G7daZk

[실험 01 평행판 축전기의 전위차 측정]

① 평행판 축전기 양 판의 간격을 가깝게 하여 육각렌지를 이용해 수평을 맞춘다.

② 평행판 축전기 판의 간격을 16 mm정도 벌리고 Electrometer를 연결한다.

③ Electrometer의 전원을 켜고 평행판 축전기와 연결한다.

④ Electrometer의 range 스위치를 사용하여 range를 10 V에 맞춘다.

⑤ 평행판 축전기 양 판을 손으로 살짝 잡고 Electrometer의 Zero 스위치를 눌러 영점을 잡는다. 손을 놓았을 때 영점이 잡히지 않으면 몇 번 반복한다.

⑥ DC 전원 공급기의 전원을 켜고 10V로 맞춘다.

⑦ DC 전원 장치의 +극성과 −극성을 평행판 축전기 양 판에 접촉시켜 평행판 축전기에 전하를 대전 시킨다.

⑧ 이때의 전위차 값을 Electrometer로부터 읽고 거리와 전위차 값을 기록한다.

⑨ 거리를 2 mm 간격으로 좁히면서 최소 2 mm의 간격이 될 때까지 거리에 따른 전위차 변화 값을 표에 기록한다.

⑩ 위 과정의 반복하여 평균값을 내고 거리에 따른 전위차 변화를 그래프로 그린다.

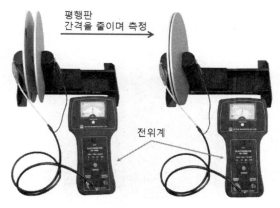

[그림 5 평행판 축전기 전위측정]

[실험 02 전위계의 전기용량 측정]

Electrometer는 기본적으로 무한대의 임피던스를 가진 전압계와 축전기로 이루어져 있다. 따라서 측정 전 전기용량을 알고 있는 축전기를 이용 다음과 같은 방법으로 내부용량 및 측정환경에 의한 용량을 측정하는 것이 바람직하다. 전위계의 전기용량은 대략 40~50 pF이고, 시험 탐침을 포함한 총 전기용량은 대략 100~120 pF이다.

① 전기용량을 알고 있는 축전기(50~200 pF)를 준비하고 방전 후 20 V로 충전시킨다.
② Electrometer의 probe를 단락시키고 영점을 잡는다.
③ 충전된 축전기를 Electrometer에 연결하여 전압값을 읽는다.
④ 연결 전 축전기에서 가지고 있는 Q 값은 연결 후에도 보존되기 때문에 다음과 같은 식에 의하여 Electrometer의 용량을 계산할 수 있다.

$$C_E = \frac{C(V - V_E)}{V_E}$$

여기서 C_E는 Electrometer의 전기용량 값이고 C는 알고 있는 축전기의 전기용량이다. 또한 V는 알고 있는 축전기의 충전전압이고 V_E는 Electrometer에 기록된 전압값이다.

7. 다른 실험방법 구상

[실험구상 01 리튬이온 전지(Lithium-ion battery)에 대해서 조사해 보자.]

• 이차전지의 발달 역사를 정리해 보자.
• 리튬이온 전지의 구조와 원리를 설명해 보자.

[**그림 6** 독일 알트루스하임의 자동차 박물관에 소장된 VARTA사의 리튬 이온 전지, 위키백과]

**[실험구상 02 축전기의 직렬연결과 병렬연결에서 전기용량을 측정하는 실험을
구상해 보고 이론과 비교해 보자.]**

• 축전기의 직렬연결을 실험적으로 구상해보고 이론과 비교해보자.

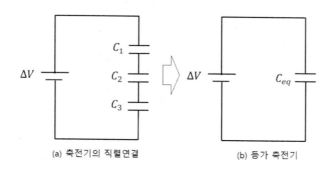

(a) 축전기의 직렬연결   (b) 등가 축전기

• 축전기의 병렬연결을 실험적으로 구상해보고 이론과 비교해보자.

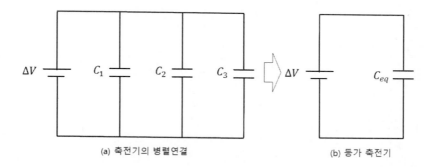

(a) 축전기의 병렬연결   (b) 등가 축전기

담당교수 : _____ 교수님

실험일	월		일	제출일		월		일
학번				이름				
( )조 조원이름	• • •							

〈측정값〉

[실험 01   평행판 축전기의 전위차 측정]

회수	16mm	14mm	12mm	10mm	8mm	6mm	4mm	2mm
1								
2								
3								
4								
5								

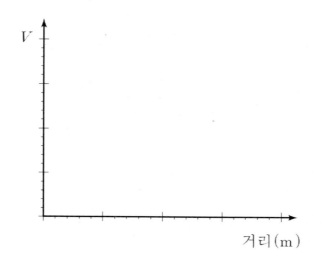

[실험 02 전위계의 전기용량 측정]

$$C_E = \frac{C(V - V_E)}{V} = \underline{\hspace{8cm}}$$

[실험구상 01 리튬이온 전지(Lithium-ion battery)에 대해서 조사해 보자.]

실험 제목 : _____

• 이차전지의 발달 역사	• 리튬이온 전지의 구조와 원리

[실험구상 02 축전기의 직렬연결과 병렬연결에서 전기용량을 측정하는 실험을 구상해 보고 이론과 비교해 보자.]

☑ 축전기의 직렬연결을 실험적으로 구상해보고 이론과 비교해보자.

실험 제목 : _____

• 실험 장치도(그림으로 표현)	• 실험방법 설명

• 축전기의 직렬연결 이론

■ 축전기의 병렬연결을 실험적으로 구상해보고 이론과 비교해보자.

실험 제목 : _____

• 실험 장치도(그림으로 표현)	• 실험방법 설명

• 축전기의 병렬연결 이론

〈질문〉

➡ 아래 질문에 답하시오.

답변할 때는 자료를 찾아보고 토론해본 후 스스로 정리해보면 해결해야 할 문제에 대한 이해도가 높아지고 응용력도 향상됩니다.

1) 본 실험에서 오차의 원인은 무엇인가?

2) 오차를 줄일 수 있는 아이디어를 생각해보고 방법을 서술하시오.

3) 거리변화에 따라 전위차 값이 변하는 이유는 무엇인가? (Hint: $Q = CV$)

4) 평한판 축전기에서 전기용량(C) 값을 유도하시오.

5) 구형 축전기에서 전기용량을 유도하시오.

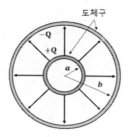

6) 평행판 축전기의 전극 사이의 거리는 1.5 mm이다. 용량이 1.0 F의 축전기를 만들려면 전극의 넓이가 얼마나 되어야 하는가?

7) RAM(Random Access Memory) chip의 단위소자의 축전용량은 55.0 fF이다. 이 축전기에 5.00 V를 걸어 충전시킬 때 음극에 모이는 전자의 수는 몇 개 인가?

8) 본 실험에서 두 평행판 사이에 얇은 종이(유전체)를 넣는다면 실험결과에 어떤 변화가 있을지 설명하시오.

▷ 답변 :

〈실험결과 요약〉

▣ 서론 본론 결론 형식으로 자유롭게 기술하세요.

논문형식의 기술적 글쓰기(Technical Writing)를 통해서 주장하는 내용에 대한 의미전달 능력을 향상시킬 수 있고 창의적 생각 또한 키워나갈 수 있습니다.

실험제목 :

작성자 신원 :

〈서론〉

〈본론〉

〈결론〉

〈참고문헌〉

▣ 컴퓨터 발달사에 대한 자료를 조사하고 미래의 양자컴퓨터와 양자컴퓨터가 우리의 생활에 미치는 영향에 대해서 생각해 보세요.

◆ 최초의 컴퓨터

ENIAC
- 폭 : 1 m, - 높이:2.5m, -길이:25m
- 총 중량: 약 30 t, -진공관 개수: 약 18,000개,
- 작동 전력: 150 kw

- 최초논쟁 : 아타나소프사가 자신들이 개발한 아타나소프-베리 컴퓨터(ABC)가 최초의 컴퓨터라며 이의를 제기 → 결국 법정에서 아타나소프사가 승소했음 → 그러나 대중 사이에서는 에니악이 최초의 컴퓨터라고 알려져 있음

- 에니악(ENIAC) : 전자식 숫자 적분 및 계산기
  (Electronic Numerical Integrator And Computer; ENIAC)
  1943년~1946년에 펜실베이니아 대학의 모클리와 에커트 제작한 전자 컴퓨터

✓ 진공관: 진공속에서 전자의 움직임을 제어하여 → 전기 신호를 증폭시키거나 → 교류를 직류로 정류하는 데 사용하는 전기 장비

ABC

자료출처 위키백과

◆ 튜닝테스트와 트랜지스터의 발명

- 1930년대

- **Alan Turing**, Alonzo Church 등이 **계산 가능성과 불가능성**에 대해서 연구

- 튜닝 : **1950년 논문 『컴퓨팅 기계와 지능』**
  → ' 기계가 생각할 수 있는가?'
  → **튜닝 테스트** : 인공지능 발달사에 영향을 줌

Alan Mathison Turing
1912~1954

튜닝 테스트

Transistorized IBM Standard Modular System(SMS) card used in the 7000 series.

- 1950년대

- IBM에서 John Backus 그룹이 **고급 프로그래밍 언어 FORTRAN**을 개발

- IBM 7000 mainframe 컴퓨터. **초기의 트랜지스터 컴퓨터.**

✓ 트랜지스터 : 저마늄, 규소 따위의 반도체를 이용하여 **전자 신호 및 전력을 증폭하거나 스위칭**하는데 사용되는 반도체소자.
  → **세 개의 전극**

회로실험

1. 실험목표

본 회로실험에 앞서 Ohm의 법칙과 Kirchhoff의 법칙을 이해해야 한다. 실험에서는 저항을 직렬과 병렬 등 다양한 방법으로 연결하여 전체 저항을 구해본다. 저항이 직렬 및 병렬로 연결된 회로에서 전압, 전류를 측정하여 Ohm의 법칙을 확인하고, 각 회로에서의 등가저항을 실험적으로 측정하고 이를 이론적 결과와 비교한다. 이때 Kirchhoff의 법칙을 이용하여 회로를 이론적으로 해석한다.

RC 회로에서 축전기의 동작원리와 연결방법을 이해하고 충전과 방전에 관한 실험을 한다. 실험에서 나온 데이터를 이용하여 충전과 방전에 관한 그래프를 그려본다.

2. 학습목표

학습목표 : 회로해석에 대한 이해

아래 내용에 대한 개념을 정리해 보고, 실험을 구상해 보세요.

- 전위차와 전류사이의 관계를 이해하기 위한 Ohm의 실험방법에 대해서 조사해 보고 실험결과를 토론해 보자.
- 회로해석에서 많이 사용하는 Kirchhoff 법칙에 대해서 논해보자.
- 회로에 쓰이는 소자의 특성들을 알아보자.
- 관련 실험을 구상해 본다.

3. 기본 개념에 대한 이해

◆ Kirchhoff의 법칙에 대한 이해

- 분기점 규칙(Junction rule)
  (전하 보존)

- **의미**: 분기점으로 들어오는 전류의 합은 → 나가는 전류의 합과 같다.

$$I = I_1 + I_2 \quad \Rightarrow \quad \sum_{junction} I = 0$$

- 고리 규칙(Loop rule)
  (에너지 보존)

- **의미**: 닫힌 회로를 따라 전위차를 더하면 → 합은 0이다.

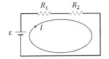

$$\varepsilon - IR_1 - I R_2 = 0$$

$$\sum_{closedloop} \triangle V = 0$$

Gustav Robert Kirchhoff
1824~1887

❖ **실험관련 기초 지식**
우리 주변은 전기회로들로 구성이 되어 있어, 회로를 해석하는 일을 중요한 일이다. 키르히호프 법칙을 이용하여 회로를 해석하려면 부호규칙을 알아야 하는데 부호규칙에 대해서 조사해 보고 회로에 적용해보자.

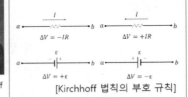

$$\Delta V = -IR \qquad \Delta V = +IR$$

$$\Delta V = +\varepsilon \qquad \Delta V = -\varepsilon$$

[Kirchhoff 법칙의 부호 규칙]

◆ Ohm의 법칙과 저항의 직렬연결

❖ 옴의 법칙(Ohm's law)

$$I \propto \triangle V$$

$$I = \left(\frac{1}{R}\right)\triangle V$$

$$\boxed{\triangle V = I R}$$

❖ 저항 (resistance)

$$\boxed{R = \frac{\triangle V}{I}}\ (단위: \Omega)$$

[저항기]

- 저항기의 직렬연결

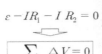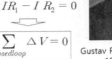

$$\left[I = I_1 = I_2 \ , \ \triangle V = \triangle V_1 + \triangle V_2 \right]$$

$$IR = I_1 R_1 + I_2 R_2$$

$$IR = IR_1 + IR_2 = I(R_1 + R_2) = IR_{eq}$$

$$\boxed{\triangle V = IR_{eq}}$$

$$R_{eq} = R_1 + R_2$$

$$\boxed{R_{eq} = \sum_{i=1}^{n} R_i}$$

❖ **실험관련 기초 지식**
전자회로 소자 중, 수동소자인 저항(R), 인덕터(L), 축전기(C)에 대해서 자료를 조사해 보고 특성을 정리해 보자.

Pictorial representation of an RLC circuit

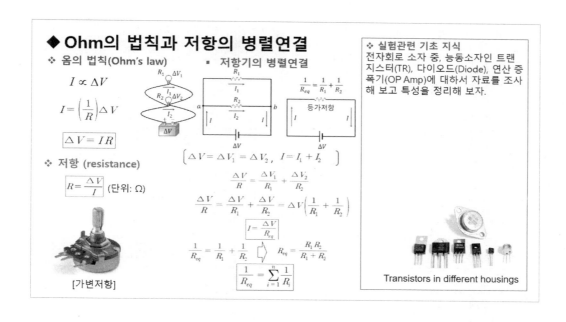

◆ **Ohm의 법칙과 저항의 병렬연결**

❖ 옴의 법칙(Ohm's law)

$$I \propto \Delta V$$

$$I = \left(\frac{1}{R}\right)\Delta V$$

$$\boxed{\Delta V = IR}$$

❖ 저항 (resistance)

$$\boxed{R = \frac{\Delta V}{I}} \text{ (단위: } \Omega\text{)}$$

[가변저항]

▪ 저항기의 병렬연결

등가저항

$$\frac{1}{R_{eq}} = \frac{1}{R_1} + \frac{1}{R_2}$$

$$\left[\Delta V = \Delta V_1 = \Delta V_2, \ I = I_1 + I_2\right]$$

$$\frac{\Delta V}{R} = \frac{\Delta V}{R_1} + \frac{\Delta V}{R_2}$$

$$\frac{\Delta V}{R} = \frac{\Delta V}{R_1} + \frac{\Delta V}{R_2} = \Delta V\left(\frac{1}{R_1} + \frac{1}{R_2}\right)$$

$$\boxed{I = \frac{\Delta V}{R_{eq}}}$$

$$\frac{1}{R_{eq}} = \frac{1}{R_1} + \frac{1}{R_2} \implies R_{eq} = \frac{R_1 R_2}{R_1 + R_2}$$

$$\boxed{\frac{1}{R_{eq}} = \sum_{i=1}^{n} \frac{1}{R_i}}$$

❖ 실험관련 기초 지식

전자회로 소자 중, 능동소자인 트랜지스터(TR), 다이오드(Diode), 연산 증폭기(OP Amp)에 대하서 자료를 조사해 보고 특성을 정리해 보자.

Transistors in different housings

4. 이론 및 원리

개념이해	옴의 법칙	
URL	https://youtu.be/zfVisC1akp0	

개념이해	저항의 직렬과 병렬연결	
URL	https://youtu.be/AB51YXtX2_0	

4.1 색코트 읽기(색깔 저항 읽는 법)

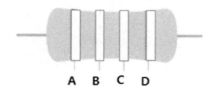

A B C D

$$\text{저항값} = [(10A + B) \times 10^C] \pm D$$

색 \ 구분	A	B	C	D
흑색	0	0	0	
갈색	1	1	1	
빨강	2	2	2	
주황	3	3	3	
노랑	4	4	4	
초록	5	5	5	
파랑	6	6	6	
보라	7	7	7	
회색	8	8	8	
흰색	9	9	9	
무색				20%
은색				10%
금색				5%

4.2 Ohm의 법칙

19세기 초 독일의 과학자 옴(Georg Simon Ohm)은 전위차와 전류 사이의 관계에 대한 실험을 수행하여 법칙으로 체계화시켰다. Ohm은 실험을 통하여 저항기에 흐르는 전류는

$$I \propto \triangle V$$

와 같이 전위차에 비례한다는 결론을 얻었다. 이 실험에서 전위차을 변화시켜가며 전류에 대한 그래프를 그려보면 직선이 나오는데, 직선의 기울기를 $1/R$로 놓고, 다시 쓰면

$$I = \left(\frac{1}{R} \right) \triangle V$$

와 같이 표현된다. 이 식을 전위 V로 정리하면

$$V = IR$$

이 되는데 이 식을 Ohm의 법칙(Ohm's Law)이라고 부른다. 또한 전도물질을 바꾸어가며

위 실험을 반복해 보면 저항(Resistance)에 대한 식을 구할 수 있는데

$$R= \frac{\triangle V}{I}$$

로 표현된다. 단위는 V/A 또는 Ω(ohm)이다.

4.3 Kirchhoff의 법칙

일반적으로 간단한 회로는 옴의 법칙과 직렬 및 병렬연결의 등가저항을 구하여 쉽게 분석할 수 있다. 그러나 대부분의 경우 복잡한 회로는 단순화하기가 쉽지 않다. 이와 같이 복잡한 회로를 분석하는 경우에 Kirchhoff의 법칙이라고 불리는 두 가지 간단한 규칙을 이용하면 용이하게 단순화시킬 수 있다.

- 제1법칙 : 어느 회로에 있어서 분기점에 들어오는 전류는 나가는 전류와 같다. 이는 전하 보존의 법칙에 해당한다. 즉,

$$\sum I = 0$$

와 같이 표현된다.

- 제 2 법칙 : 어느 폐회로 내에서 모든 기전력 ε의 대수적인 합은 동일한 폐회로 내의 모든 저항에서의 전압 강하(IR)의 대수적인 합과 같다. 즉,

$$\sum \Delta V = 0$$

이다. 이는 에너지 보존의 법칙에 해당한다.

4.4 등가저항 구하기

회로에서 Ohm의 법칙과 Kirchhoff 법칙을 이해하는 것은 매우 중요하다. 저항이 R인 저항체에 전위차 V를 걸어주었을 때, 전류 I가 흐른다면 이들 사이에는

$$V = IR$$

인 관계가 있다. 이때 저항 R이 V 또는 I값에 무관할 때, 즉 V와 I의 관계가 직선적일 때 Ohm의 법칙이 성립한다고 말한다. 회로에서 필요로 하는 전류는 전압을 변화시키거나 저항을 변화시킨다. 여기에서 전류는 단위시간 동안 어떤 도선의 단면을 수직으로 통과하는 전하량으로서 단위는 암페어이며, A로 표시한다. 전압은 단위 전하가 갖는 전기적인 에너지로 단위는 볼트이며 V로 표시한다. 저항의 단위는 옴의 법칙으로부터 얻을 수 있는데 $R = V/I$ 이므로 단위는 V/A이고 이것을 Ω(ohm)으로 표시한다.

저항체들이 직렬, 병렬로 연결되었을 때의 등가저항을 구하기 위하여 Kirchhoff 제2법칙 적용한다. Kirchhoff 제2법칙은 전압에 관계된 법칙으로 KVL(Kirchhoff's voltage law) 또는 고리규칙이라고 부르며, 어떤 지점에서 출발하여 폐회로를 일주한 후 다시 그 지점으로 올 경우 전위변화의 대수적 합이 0이 된다는 것이다.

예를 들어 그림 2에서와 같은 폐회로의 a점에서 출발하여 회로를 시계방향으로 일주한 후 다시 a점으로 오는 경우를 생각하자. a점을 출발하여 시계방향으로 저항 R을 지나면 $-IR$의 전압강하가 일어나며 기전력 장치에서 전압증가 ε이 있게 된다. 따라서 전위변화의 합은

$$-IR + \varepsilon = 0$$

이 되어, 회로에 흐르는 전류는

$$I = \frac{\varepsilon}{R}$$

가 된다.

이제 세 개의 저항 R_1, R_2, R_3가 직렬로 연결되었을 때의 등가저항 R_{eq}를 구하기 위해, 그림 3과 같은 회로에 KVL을 적용하기로 한다. 회로에 흐르는 전류를 I라 할 때 a점에서 이 회로를 출발하여 시계방향으로 일주하면 저항 R_1, R_2, R_3에서 각기 $-IR_1$,

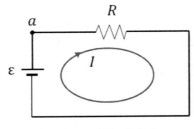

[그림 2 단일 폐회로]

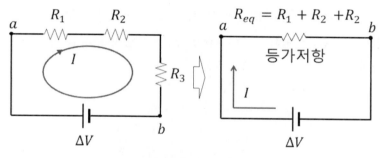

[**그림 3** 직렬회로와 등가회로]

$-IR_2$, $-IR_3$의 전압강하가 일어나며 기전력 장치에서 전압증가 ε가 있게 된다. 즉, 전위변화의 총합은

$$-IR_1 - IR_2 - IR_3 + \varepsilon = 0$$

이 된다. 따라서 회로에 흐르는 전류 I는

$$I = \frac{\varepsilon}{R_1 + R_2 + R_3}$$

가 되어서, 등가저항 R_{eq}는

$$I = \frac{\varepsilon}{R_{eq}}$$

로부터

$$R_{eq} = R_1 + R_2 + R_3$$

가 된다. 즉 저항이 직렬로 연결된 회로에서의 등가저항은 개개의 저항체의 저항값을 모두 더하면 된다.

저항들을 병렬로 연결하였을 경우의 등가저항을 구하기 위해 그림 4와 같은 회로를 생각하기로 한다. 그림 4에서 각기 ①, ②, ③으로 표시된 회로에 대해 KVL를 적용하면

$$-I_1 R_1 + \varepsilon = 0$$
$$-I_2 R_2 + \varepsilon = 0$$
$$-I_3 R_3 + \varepsilon = 0$$

이 되어, 저항 R_1, R_2, R_3에 흐르는 전류 I_1, I_2, I_3는 각각 ε/R_1, ε/R_2, ε/R_3가 된다. 그런데 회로에 흐르는 전체전류 I는 Kirchhoff 제1법칙(분기점 규칙)에 의해 I_1, I_2, I_3의 합이 되므로

$$I = I_1 + I_2 + I_3$$
$$I = \varepsilon \left(\frac{1}{R_1} + \frac{1}{R_2} + \frac{1}{R_3} \right)$$

가 되어 등가저항 R_{eq}는 $I = \varepsilon/R_{eq}$ 로부터

$$\frac{1}{R_{eq}} = \frac{1}{R_1} + \frac{1}{R_2} + \frac{1}{R_3}$$

가 된다. 여기서, 전류의 정의는 $I = \dfrac{\Delta q}{\Delta t}$ 이므로 그 단위는 C/s 이다. 일반적으로는 A(ampere)로 쓴다. 전압은 $V = W/q$로 정의 되고 그 단위는 J/C 이고, V (volt)로 쓴다. 저항은 $R = \dfrac{V}{I}$이므로 그 단위는 V/A이고, 일반적으로 Ω(ohm)으로도 쓴다. 단위에서 A, V, Ω는 각각 Ampere, Volta, Ohm을 기념하기 위한 표기이다.

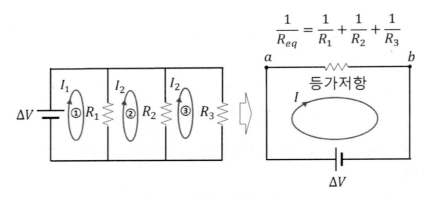

[**그림 4** 병렬회로와 등가회로]

5. 실험장비

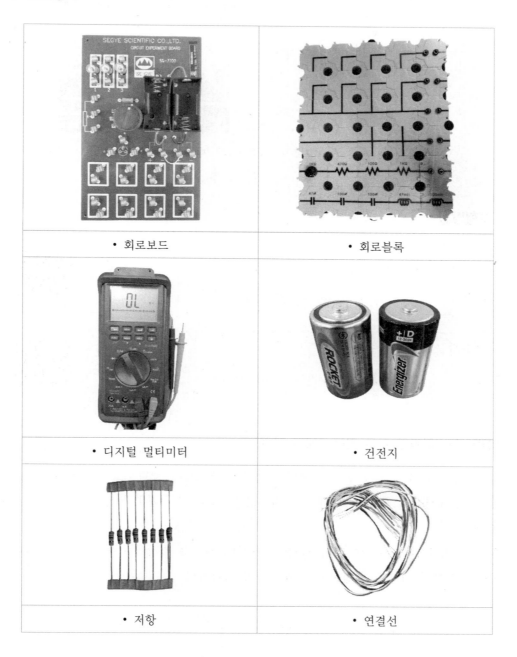

• 회로보드	• 회로블록
• 디지털 멀티미터	• 건전지
• 저항	• 연결선

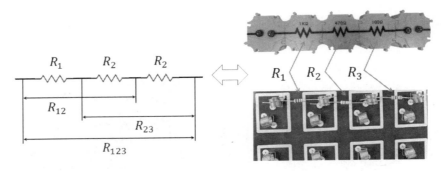

[**그림 5** 직렬연결의 예]

6. 실험방법

실험소개	옴의 법칙-1
URL	https://youtu.be/4U3h52886RU

실험소개	옴의 법칙-2
URL	https://youtu.be/CwgTsRnvU-k

[실험 01 동일한 값을 갖는 3개의 저항]

① 동일한 값을 갖는 3개의 저항을 선택하여 색코드를 결과보고서 기록한다.

② 선택한 저항의 색코드로부터 구한 저항값을 결과보고서 기록한다. 또한 오차도 기록한다.

③ 그림 6과 같이 디지털 멀티미터를 이용하여 저항을 측정하여 측정값에 기록한다.

④ 각 저항의 퍼센트 실험오차를 계산하여 기록한다.

$$실험오차 = \left[\frac{|\,색코드값 - 측정값\,|}{색코드값} \right] \times 100\%$$

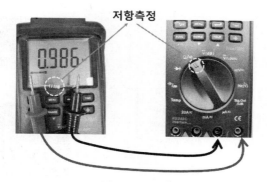

저항측정

[그림 6 디지털 멀티미터를 이용한 저항값 측정]

[실험 02 다른 저항값을 갖는 3개의 저항]

① 그림 5와 같이 서로 다른 3개의 저항을 직렬로 회로실험보드 위에 연결한다. 디지털 멀티미터를 사용하여 그림에서 보여주는 것과 같이 연결된 각각의 저항값을 측정한다.

② 그림 7과 같이 병렬회로를 구성하여 처음에는 두 개의 저항을 연결하고, 다음에는 세 개의 저항 모두를 연결한다. 이 회로의 값을 측정하고 기록한다.

③ 그림 8과 같이 혼합회로를 구성하여 각각의 저항값을 측정하고 기록한다.

④ 서로 다른 저항값을 가지는 저항 3개를 선택하여 위 과정을 반복 실험한다.

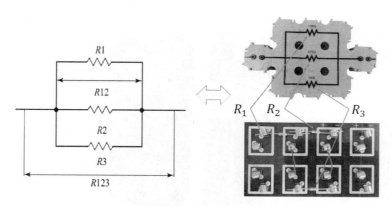

[그림 7 병렬연결의 예]

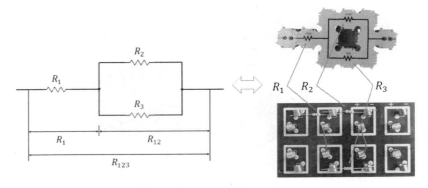

[그림 8 혼합연결의 예]

[실험 03 Ohm의 법칙 실험방법]

저항 하나를 선택하여 색코드를 이용하여 저항값을 읽고 기록한다.

▷ 전류측정

① 저항을 회로실험보드 위의 두 스프링에 끼워 그림 9와 같이 회로를 구성한다.
② 디지털 멀티미터를 200 mA range로 설정하고, 회로를 연결하여 저항을 통해서
   흐르는 전류를 디지털 멀티미터에서 읽고 기록한다.
③ 저항을 바꾸어가며 반복 실험한다.

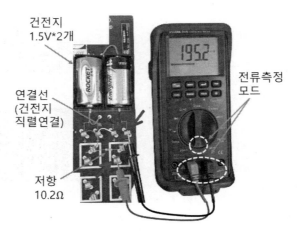

[그림 9 전류측정의 예]

▷ 전압측정

④ 디지털 멀티미터를 제거하고, 연결선을 사용하여 그림 10과 같이 배터리의 (+)극과 처음 실험한 저항을 연결한다. 디지털 멀티미터를 2V DC 스케일로 설정하고, 그림 10과 같이 연결한다. 그리고 저항에 걸리는 전압을 디지털 멀티미터로 측정하고 결과보고서에 기록한다.

⑤ 저항을 바꾸어 가며 위의 실험을 반복한다. (제공된 저항들을 종류별로 모두 바꿔가며 실험한다.)

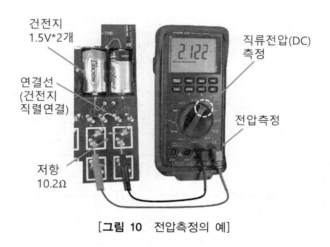

[**그림 10** 전압측정의 예]

[실험 04 RC 회로의 충전과 방전 실험]

• 주의사항

  - 실험을 시작하기 전에 축전기를 완전 방전시켜야 한다. 방전시키는 방법은 축전기의 두 다리를 도체에 대면된다.

  - 전압이 0.0 V에서 ~1.5 V까지 충전되는 동안의 시간과 1.5 V에서 ~0.55 V까지 방전될 때까지의 시간을 기록한다. 단, 1.5V까지 충전하려면 시간이 오래 걸릴 수 있으므로 정확히 충전할 필요는 없다.

▷ RC 회로의 충전

① 100 kΩ 저항과 100μF 축전기를 사용하여 그림 11과 같은 회로를 구성한다. 멀티미터

의 검은색 접지단자를 배터리의 (−) 단자쪽으로 연결된 축전지의 한쪽에 연결하고, 멀티미터를 최대 1.5 V DC를 읽을 수 있도록 설정한다.

② 축전기와 스위치에서부터 회로까지 전압이 걸리지 않도록 하여 실험을 시작한다. 만약 축전기에 전압이 남아 있다면, 연결선으로 축전기의 양쪽단자에 연결하여 남아 있는 전하를 방전시킨다. 방전하려면 연결선의 양쪽 끝을 점 B와 점 C에 갖다 댄다.

③ 연결선을 스프링에 꽂으며 스위치를 닫는다. 축전기에 연결된 멀티미터에 나타나는 전압을 시간에 따라 기록한다.

• 만약 스프링으로부터 연결선을 제거하여 스위치를 열었다면, 축전지는 시간이 지남에 따라 현재 전압에서 아주 서서히 떨어질 것이다. 이것은 축전기의 두 판에 충전된 전하들이 초기상태로 되돌아갈 방법이 없다는 것을 가리킨다.

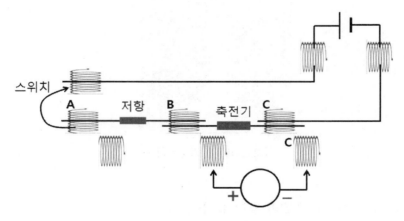

[**그림 11** 축전기 충·방전 실험 회로도]

▷ RC 회로의 방전

④ 연결선을 회로의 점 A와 C를 연결하여 저항을 통해서 전하가 방전될 수 있도록 하여라. 전하가 빠져나갈 때 멀티미터에 나타나는 전압을 기록한다.

⑤ 저항을 통한 축전기의 충·방전과정을 과정을 반복한다.

⑥ 100 μF 축전기를 330 μF 축전기로 바꾸고 실험을 반복한다.

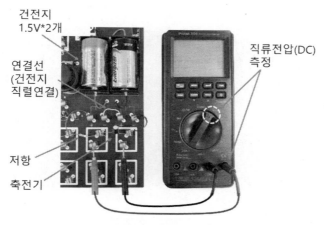

[그림 12　축전기 충·방전 실험 장치도]

건전지
1.5V*2개

연결선
(건전지
직렬연결)

직류전압(DC)
측정

저항

축전기

7. 다른 실험방법 구상

[실험구상 01　휘트스톤 브리지(Wheatstone Bridge)회로를 구성하여
　　　　　　　　미지(저항값을 모르는)의 저항을 측정해보자.]

• 휘트스톤 브리지 회로도를 구성하고 실험방법을 고안해 본다.
• 실험방법과 원리를 설명한다.

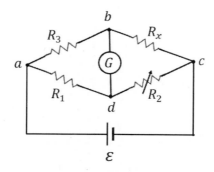

[그림 13　휘트스톤 브리지 개략도]

실험 06 회로실험

담당교수 : _____ 교수님

실험일	월 일		제출일	월 일	
학번			이름		
( )조 조원이름	• • •				

[실험 01 동일한 저항값을 갖는 3개의 저항]

	색코드 첫 번째 두 번째 세 번째 저항오차	색코드값	측정값	실험오차
#1				
#2				
#3				

1) 저항의 병렬연결 (동일한 저항값)

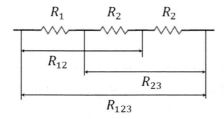

$R_{12} =$	Ω
$R_{23} =$	Ω
$R_{123} =$	Ω

2) 저항의 병렬연결(동일한 저항값)

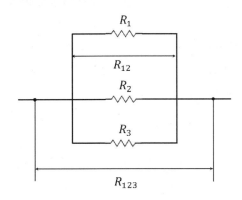

$R_{12} =$	Ω
$R_{123} =$	Ω

3) 저항의 직렬 및 병렬연결(동일한 저항값)

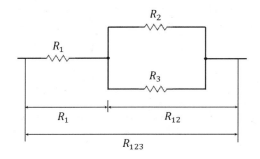

$R_{23} =$	Ω
$R_{123} =$	Ω

[실험 02   다른 저항값을 갖는 3개의 저항]

	색코드 첫 번째 두 번째 세 번째 저항오차	색코드값	측정값	실험오차
#1				
#2				
#3				

1) 저항의 직렬연결 (서로 다른 저항값)

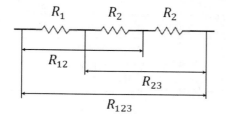

$R_{12} =$	Ω
$R_{23} =$	Ω
$R_{123} =$	Ω

2) 저항의 병렬연결 (서로 다른 저항값)

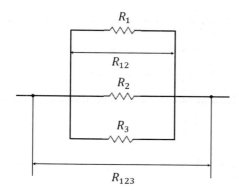

$R_{12} =$	Ω
$R_{123} =$	Ω

3) 저항의 직렬 및 병렬연결 (서로 다른 저항값)

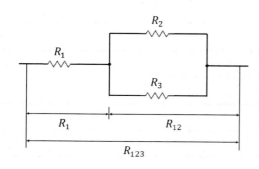

$R_{23} =$	Ω
$R_{123} =$	Ω

[실험 03   Ohm의 법칙 실험방법]

색코드	저항(Ω)	전류(A)	전압(V)	전압(V) / 저항(Ω)

[실험 04 RC 회로의 충전과 방전 실험]

1) 저항 $100\,\text{k}\Omega$, 축전기 $100\,\mu\text{F}$

전압 V	충전시간 (t_C)	방전시간 (t_D)	충전시간 (t_C)	방전시간 (t_D

• 그래프 그리기(저항 $100\,\mathrm{k\Omega}$, 축전기 $100\,\mu\mathrm{F}$)

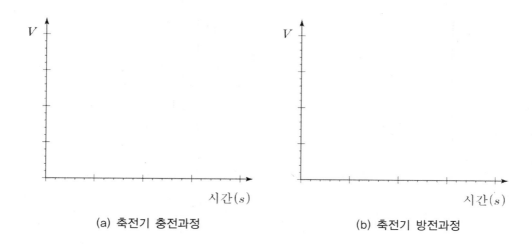

(a) 축전기 충전과정   (b) 축전기 방전과정

2) 저항 $100\,\mathrm{k\Omega}$, 축전기 $330\,\mu\mathrm{F}$

전압 V	충전시간 (t_C)	방전시간 (t_D)	충전시간 (t_C)	방전시간 (t_D

• 그래프 그리기(저항 $100\,\mathrm{k\Omega}$, 축전기 $330\,\mu\mathrm{F}$)

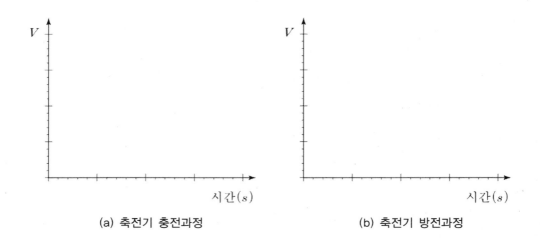

(a) 축전기 충전과정   (b) 축전기 방전과정

[**실험구상 01   휘트스톤 브리지(Wheatstone Bridge)회로를 구성하여**
미지(저항값을 모르는)의 저항을 측정해보자.]

실험 제목 : _____

• 실험 장치도(그림으로 표현)	• 실험방법과 원리설명

〈질문〉

◪ 아래 질문에 답하시오.

　답변할 때는 자료를 찾아보고 토론해본 후 스스로 정리해보면 해결해야 할 문제에 대한 이해도가 높아지고 응용력도 향상됩니다.

1) 본 실험에서 오차의 원인은 무엇인가?
2) 오차를 줄일 수 있는 아이디어를 생각해보고 방법을 서술하시오.
3) 저항체의 직렬연결 회로와 병렬연결 회로에서 전압과 전류 중, 일정한 것은 어느 것인가를 결정하고, 이유를 설명하시오.
4) 저항(R)와 비저항(ρ, 고유저항) 사이의 관계를 조사해보고, 이 관계로부터 길이가 l이고, 단면적이 A인 도선에서 저항 R과 ρ의 관계를 구하라.
5) Kirchhoff의 법치에 대해서 설명하시오.
6) RC 회로의 시간상수(time constant, τ)는 무엇을 의미하는지 설명하시오.
7) RC 회로에서 충전과 방전 그래프를 그리고 의미를 설명하시오.

▷ 답변 :

〈실험결과 요약〉

▶ 서론 본론 결론 형식으로 자유롭게 기술하세요.

논문형식의 기술적 글쓰기(Technical Writing)를 통해서 주장하는 내용에 대한 의미전달 능력을 향상시킬 수 있고 창의적 생각 또한 키워나갈 수 있습니다.

실험제목 :

작성자 신원 :

〈서론〉

〈본론〉

〈결론〉

〈참고문헌〉

1. 실험목표

Kirchhoff의 법칙에 대해서 실험해 본다. 저항체가 직렬 및 병렬로 연결된 회로에서 전압과 전류를 측정하여 Ohm의 법칙을 확인하며, 각 회로에서의 등가저항을 실험적으로 측정하고, Kirchhoff의 법칙을 확인한다.

2. 실험방법

① 10Ω 저항을 제외한 저항을 사용하여 그림 14에서와 같이 회로를 연결하라. 배터리를 연결하지 않은 상태에서 점 A와 B 사이 회로의 각 저항값을 측정하여 기록하라.
② 배터리를 연결하여 전류가 흐르도록 한 후, 각 저항에 걸리는 전압을 측정하여 기록하라. 회로도에 각 저항의 +극 단자에 "+"표시를 하라.
③ 회로의 연결을 끊고 멀티미터를 연결하여, 각 저항에 흐르는 전류를 측정하여 기록하라. 각각의 전류뿐만 아니라 회로 전체의 전류 I_T도 기록하라.

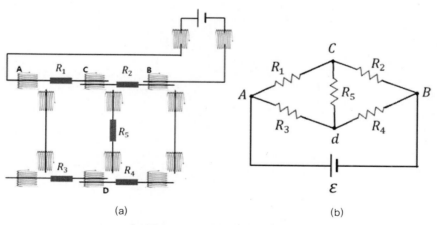

(a)   (b)

[**그림 14** Kirchhoff 법칙 회로도]

[실험 01 : Kirchhoff의 법칙]

저항(Ω)		전압(V) (with battery)		전류(A) (with battery)	
	without battery				
R_1		V_1		I_1	
R_2		V_2		I_2	
R_3		V_3		I_3	
R_4		V_4		I_4	
R_5		V_5		I_5	
R_T		V_T		I_T	

개념이해	RC 회로의 충전방정식	
URL	https://youtu.be/cvfLI2AOqUw	

◆ RC 회로

❖ 충전 방정식(charging equation)

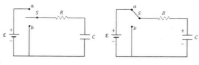

[RC 회로에서 축전기의 충전]

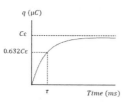

[축전기에 충전되는 전하 그래프]

$$\varepsilon - iR - \frac{q}{C} = 0$$

$$\boxed{R\frac{dq}{dt} + \frac{q}{C} = \varepsilon} \text{ : 충전 방정식}$$

$$R\frac{dq}{dt} = \varepsilon + \frac{q}{C}$$

$$\frac{dq}{dt} = \frac{\varepsilon}{R} + \frac{q}{RC}$$

$$\frac{dq}{dt} = -\frac{q - C\varepsilon}{RC}$$

$$\frac{1}{q - C\varepsilon}dq = -\frac{1}{RC}dt$$

$$\int_0^q \frac{1}{q - C\varepsilon}dq = -\int_0^t \frac{1}{RC}dt$$

$$\ln\left(\frac{q - C\varepsilon}{-C\varepsilon}\right) = -\frac{t}{RC}$$

$$\boxed{q(t) = C\varepsilon(1 - e^{-t/RC})}$$

$$Q = CV$$

$$q(t) = Q(1 - e^{-t/RC})$$

$$\boxed{i(t) = \frac{\varepsilon}{R}e^{-t/RC}}$$

$$\boxed{\tau = RC}$$

: 시간상수(time constant)

개념이해	RC 회로의 방전방정식	
URL	https://youtu.be/HDnhR5QBxqQ	

◆ RC 회로

❖ 방전 방정식(discharging equation)

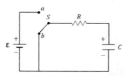

[RC 회로에서 축전기의 방전]

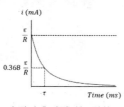

[축전기에 방전되는 전하 그래프]

$$-\frac{q}{C} - iR = 0$$

$$i = dq/dt$$

$$\boxed{R\frac{dq}{dt} + \frac{q}{C} = 0} \text{ :방전 방정식}$$

$$-R\frac{dq}{dt} = \frac{q}{C}$$

변수 분리 : $\dfrac{1}{q}dq = -\dfrac{1}{RC}dt$

$$\int_Q^q \frac{1}{q}dq = -\int_0^t \frac{1}{RC}dt$$

$$\ln\left(\frac{q}{Q}\right) = -\frac{t}{RC}$$

$$\boxed{q(t) = Qe^{-t/RC}}$$

$$\boxed{i(t) = -\frac{Q}{RC}e^{-t/RC}}$$

▶ 집적회로(IC)의 발달사를 조사해보고 어떤 방법으로 초고밀도 집속을 가능하게 하는지 토론해보세요.

◆ 집적회로(Integrated Circuit; IC) 분류

명칭	약칭	집적된 수	용도
저밀도 집적회로 Small Scale Integration	SSI	100개 미만	메인프레임 컴퓨터 등
중밀도 집적회로 Medium Scale Integration	MSI	100 ~ 1000개	소형기억장치, 인코더, 디코더, 카운터, 레지스터, 멀티플렉서, 디멀티플렉서 등
고밀도 집적회로 Large Scale Integration	LSI	1000 ~ 10만개	컴퓨터의 메인메모리, 계산기 부품 등
초고밀도 집적회로 Very Large Scale Integration	VLSI	10만 ~ 100만개	대규모 메모리, 마이크로프로세서, 등
울트라 고밀도 집적회로 Ultra Large Scale Integration	UVLSI	100만개 이상	인텔 486, 팬티엄 등
시스템 온 칩 System on a Chip	SoC	여러 개 집적회로 통합	임베디드시스템 분야 등

▶ 트랜지스터(TR)의 발명은 전자기술에 혁명을 일으킵니다. 트랜지스터의 구조와 컴퓨터 발달사에 대해서 조사해 보고 토론해보세요.

◆ 컴퓨터의 발명_세대별 구분

Author: 2008, Stefan Riepl

- 제 1세대(1951~1958) : 근대적 컴퓨터의 등장
  → 1904년 진공관이 개발이 토대가 됨
- 데이터의 저장과 처리 : 진공관 사용
- 주기억장치 : 자기 드럼 사용
- 입출력 보조기억 장치 : 천공카드 사용
- 프로그램 : 기계어 사용

[Vacuum Tube]
PLATE
GRID
FILAMENT

- 제 2세대(1958~1963) :
- 회로소자 : 트랜지스터를 사용
- 주기억 장치 : 접근 시간이 짧은 자기 코어가 이용
- 보조기억 장치 : 용량이 큰 자기 드럼, 자기 디스크
- 입출력 장치 : 자기 테이프, 종이 카드 사용

✓ 1947년에 발명된 점 접촉 트랜지스터
✓ 최초의 작동 트랜지스터의 복제품

✓ John Bardeen, William Shockley and Walter Brattain at Bell Labs in 1948. They invented the point-contact transistor in 1947 and bipolar junction transistor in 1948.

◆ 컴퓨터의 발명_세대별 구분

❖ Integrated Circuit

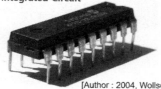

[Author : 2004, Wollschaf]

- 제 3세대(1964~1970) :
- 컴퓨터 : 집적회로IC(Integrated Circuit) 사용
- 중앙처리 장치 : 소형화, 기억 용량은 커짐
- 다양한 소프트웨어를 구사할 수 있는 기능이 크게 개선됨
- 관리 프로그램과 처리 프로그램 및 사용자 프로그램 등
  → 소프트웨어 체계가 확립

❖ VLSI Chip

[Author :2009 Appaloosa]

- 제 4세대(1971~현재) :
- 고밀도 집적 회로(large-scale integration; LSI)와 초고밀도 집적 회로
  (Very-large-scale integration; VLSI) 사용
- 연산속도는 초대형 컴퓨터인 경우 → 피코(pico)초에 계산
- 크레이(CRAY, 슈퍼 컴퓨터) : 현재 1초에 백억 개 이상의 명령어를
  수행할 수 있음

- **Moore의 법칙** : 집적회로의 트랜지스터 개수는 **2년마다 2배**로 증가한다.

실험 07 자기력과 투자율 측정

1. 실험목표

　발전기와 모터 등 현대문명은 자석을 효율적으로 이용하고 있다. 자기력과 자기장의 기초 개념을 이해하고 전류가 흐르는 솔레노이드 코일이 자기장 속에서 받는 힘을 전류천칭을 이용하여 측정하여 자기장 또는 자기유도 B를 구하고, 공기중에서 투자율도 계산해 본다.

2. 학습목표

◆ 학습목표 : 전기력에 대한 이해

❖ 아래 내용에 대한 개념을 정리해 보고, 실험을 구상해 보세요.

- 자기력과 전기력을 비교해보고 공통점과 차이점에 대해서 토론해 본다.
- 외르스테드 실험을 이해하고 구상해 본다.
- 자기력의 정의를 이해하고 수식의 의미를 논해 본다.
- 자기장과 전기장속에서 대전입자의 운동방향을 토론해 본다.
- 관련 실험을 구상해 보고 투자율을 계산해 본다.

Hans Christian Orsted
1777년 ~1851년

실험 07 자기력과 투자율 측정 **143**

3. 기본 개념에 대한 이해

◆ 자기에 관한 역사적 배경

- 기원전 **13세기 중국** → 나침반 사용

- **B.C. 800년경, 그리스** : 자철광(magnetite, Fe_3O_4)이라는 돌이
→ 쇳조각을 끌어당긴다는 사실을 발견.

- **페레그리누스(Petrus Peregrinus de Maricourt)** : 1296년에 공 모
양의 천연 자석을 이용 → 공의 표면에 놓인 바늘들이 가리키는 방향
을 그림으로 그려 → 이 방향들을 연결하면 공을 물러싸는 선이 되며
→ 이 선은 자석의 극이라고 불리는 두 곳에서 만난다는 것을 발견.

- **길버트(William Gilbert; 1540~1603)** : 나침반의 바늘이 일정한 방
향으로 편향되는 사실을 이용하여 → 지구 자체도 하나의 커다란 영
구 자석임을 제안.

- **1750년 실험**: 자극이 서로 끌어당기거나 미는 힘을 조사하기 위해
비틀림 저울을 사용하여 → 힘은 거리의 제곱에 반비례함을 확인.

- **외르스테드(Hans Orsted)** : 강의 실험 중에, 도선에 전류가 흐를 때
도선 가까이 있는 나침반의 바늘이 편향됨을 발견.

❖ 실험이해
자기현상에 대한 이해를 할 때 외르스테드
(Orsted)의 실험적 발견은 매우 중요하다.
외르스테드의 발견에 대해서 조사해 보고 실험
으로 구현해 보자.

Hans Christian Ørsted
1777~1851
출처: 위키백과

출처: Wikimedia Commons

개념이해	균일한 자기장에서 대전입자의 운동
URL	https://youtu.be/SF1u7cE7SIE

◆ 자기력과 자기장

- 정지해 있는 **대전 입자** → 자기장과 상호작용하지 않는다.
- **대전 입자가 자기장 내에서 움직일 때** → 자기력을 받는다.

- **자기장 만드는 방법** :
  - ✓ 자석(자기쌍극자)
  - ✓ 전류가 흐르는 도선

- **자기력의 방향** :
  Fleming의 왼손 법칙

- **자기장의 정의** :
속도 v로 움직이는 전하q는 자기장 속에서
힘을 받음

$$F_B = qv \times B$$ ⟹ $$F = qvB \sin \theta$$

- 단위 :

$$T = Wb/m^2 = \frac{N}{C \cdot m/s} = \frac{N}{A \cdot m}$$

$$1 T = 10^4 G$$

$$B = \frac{F}{qv \sin \theta}$$

❖ 실험구상
그림과 같이 자기장속에 대전입자가 입사되면
회전운동을 한다. 이와 같은 방법으로 우리는
사이클로트론(cyclotron)를 만들 수 있다. 자기
장 속에서 대전입자의 운동을 이해해보고 사이
클로트론을 실험적으로 구상해보자.

출처: 위키백과

4. 이론 및 원리

개념이해	자기력과 전기력 비교
URL	https://youtu.be/KIXYZcEH0LA

4.1 자기력과 전기력의 차이점

자기력은 전기력과 차이점이 있어 주의해야 한다.

- 방향을 주의해야 한다. 전기력은 전기장의 방향과 같은데, 자기력은 자기장의 방향과 수직하다.
- 속도와 유무관계이다. 전기력은 입자의 속도와 무관하지만 자기력은 입자가 속도 $\vec{v}$로 운동할 때만 작용한다.
- 일(Work)과의 관계에서 전기력은 대전입자의 변위에 대하여 일한다. 자기력은 힘이 작용점의 변위에 수직하므로 입자가 변위할 때 일을 하지 않는다.

4.2 자기력과 자기장

실험에 앞서 자기력과 자기장을 정의해보고 위에서 논한 차이점을 이해해보자. 먼저 전기장과 전기력을 정의해보면 원천전하 q가 만드는 전기장에 의해서 시험전하 q_0에 작용하는 전기장은

$$\vec{E} = \frac{\vec{F_e}}{q_0}$$

이다. 식에서 전기력은

$$\vec{F_e} = q_0\vec{E}$$

로 표현된다. 식을 보면 전기장에 전하를 곱하면 전기력으로 표현됨을 알 수 있다. 그렇다면 점전하에 작용하는 자기력 $\vec{F_B}$도 자하(magnetic charge)에 자기장 $\vec{B}$을 곱한 값으로 표현이 되는지를 살펴보아야하는데 자기홀극(자하)은 아직 발견되지 않았다. 그러므로

단순히 점전하에 작용하는 자기력은 자하에 자기장을 곱한 값으로 표현되지 않는다.

자기장의 정의는 자기장 속에서 대전입자가 움직일 때 자기력 $\vec{F}_B$가 입자에 작용하는 실험식을 이용하여 정의한다. 즉, 대전입자 q의 속도 $\vec{v}$와 자기력 $\vec{F}_B$를 측정하여 대전입자 q가 운동하는 공간의 자기장 $\vec{B}$를 구할 수 있다. 즉, 어느 특정 위치를 전하 q가 속도 $\vec{v}$로 운동할 때 힘 $\vec{F}_B$를 받아 운동하는 방향이 바뀌면 이 위치에서는 자기장이 존재한다. 그러므로 자기장 $\vec{B}$에 의하여 전하가 받는 힘은

$$\vec{F}_B = q(\vec{v} \times \vec{B})$$

로 정의되며, 자기장의 단위는 국제단위로 T(tesla)이다. 자기력의 방향은 $\vec{v}$와 $\vec{B}$가 이루는 평면에 수직이고 크기는

$$\vec{F}_B = qvB\sin\phi$$

이며, ϕ는 $\vec{v}$와 $\vec{B}$ 사이의 각이다.

전류는 운동하는 전하의 모임이며, 이 전류 I가 길이 $\vec{L}$인 도선을 따라 흐른다면 식은

$$\vec{F}_B = I\vec{L} \times \vec{B}$$

와 같이 표현되며, 벡터 $\vec{L}$은 크기가 도선의 길이 L이고 방향은 전류의 방향이다.

한편, 솔레노이드 내부에서의 자기장의 세기는

$$B = \mu_0 nI$$

이다. 여기서 n은 솔레노이드의 단위 길이 당 감긴 코일의 권선수이고, I는 솔레노이드에 흐르는 전류이다. 솔레노이드 내의 자기장은 균일하며 솔레노이드의 중심축에 평행하게 이루어진다.

그림 1과 같이 솔레노이드 코일 중심에서 길이가 L (b와 c 사이 도선길이)인 도선에 전류 I가 흐르면, 이 도선이 받는 힘은 위식에 의해 전류 I와 자기장 B의 방향은 서로 수직하므로

$$F_B = BIL$$

이 된다. 만일 이 힘을 다른 방법으로 측정할 수 있다면 솔레노이드 코일의 중심부에서의 자기장은

$$B = \frac{F_B}{IL}$$

이 된다. 그림 1과 같이 이 도선이 전류천칭의 받침점에서 거리가 d만큼 떨어진 곳에 위치하게 되면 천칭에 토크를 주게 되어 천칭이 기울어진다. 이 천칭의 평형을 맞추기 위해 도선 반대편에 받침점에서 거리 s만큼 떨어진 곳에 질량이 m인 추를 얹어 천칭의 평형 조건을 찾으면

$$F_B = \frac{mgs}{d}$$

을 얻는다. 이 힘을 자기장에 대한 식에 대입하여 B의 크기에 대해 정리하면,

$$B = \frac{mgs}{ILd}$$

을 얻는다. 이 식을 식 솔레노이드에서 구한 값과 비교하여 솔레노이드 코일 중심 부근에서 얻은 이론값과 비교한다.

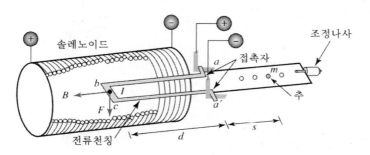

[**그림 1** 전류천칭의 동작 원리]

5. 실험장비

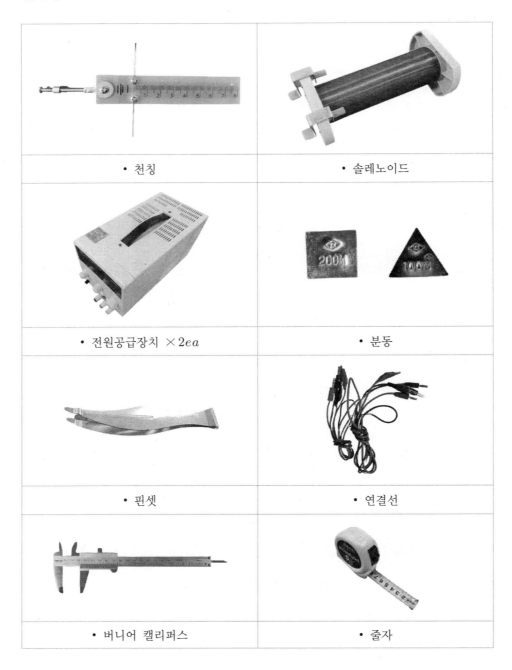

• 천칭	• 솔레노이드
• 전원공급장치 $\times 2ea$	• 분동
• 핀셋	• 연결선
• 버니어 캘리퍼스	• 줄자

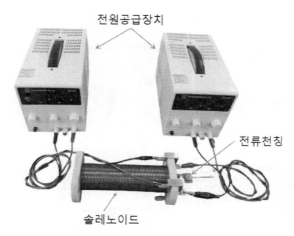

전원공급장치

전류천칭

솔레노이드

[그림 02 천류천칭 실험 장치도]

6. 실험방법

[실험 01 자기력과 투자율 측정]

① 실험 받침대가 수평이 되도록 조절한다.

② 솔레노이드에 장착되어 있는 지지대 위에 전류천칭을 거치한다. 전류천칭에 부착된 균형조정 나사를 이용하여 전류천칭이 수평이 되도록 조정한다.

③ 솔레노이드와 전류천칭에 그림 3과 같이 전원공급장치를 연결한다. 전류의 방향은 솔레노이드와 전류천칭에 전류를 흘려 보내보고 전류천칭의 조정나사 쪽이 올라가는 방향으로 전원을 연결하면 된다. 또한 전류를 영으로 하였을 때 전류천칭이 원래의 위치로 되돌아오는지 확인해야 한다.

④ 전원공급장치를 이용하여 솔레노이드에 전류가 일정량 흐르도록 조절한다.

⑤ 전류천칭에 무게를 가하기 위해 분동을 전류천칭의 분동걸이 홈 중에서 1번에 놓고 전류천칭이 다시 수평이 되도록 전류천칭에 흐르는 전류를 조정한다. 전류천칭의 분동의 위치를 s라 하고 bc전류가 흐르는 곳의 거리를 d라 하면 평형 조건에서 $Fd = mgs$ 가 성립하기 때문에 F를 구할 수 있다.

⑦ 전류천칭의 분동걸이 홈 2, 3 에 대하여 실험을 반복하여 기록한다.

⑧ 솔레노이드 코일의 전류를 바꾸어 위 실험을 반복하여 기록한다.

⑨ 추의 질량을 바꾸어 위 실험을 반복하여 기록한다.

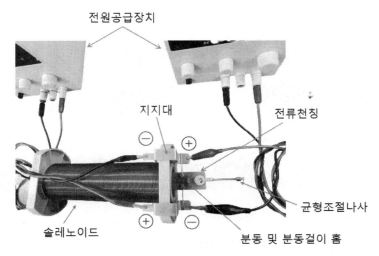

[그림 3 전류천칭 전원연결]

7. 다른 실험방법 구상

[실험구상 01 자석의 특성을 이해하고 자석을 만들어 보자.]

- 자석의 종류와 특성 조사해 보자.
- 자석을 만드는 실험방법을 구상해 보자.

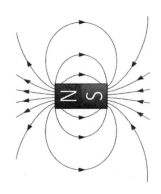

[그림 4 영구자석]

[실험구상 02   질량분석기를 실험적으로 구상해 보자]

• 질량분석기의 원리와 이론을 이해해보자.
• 질량분석기 실험 장치도를 구상해 보자.

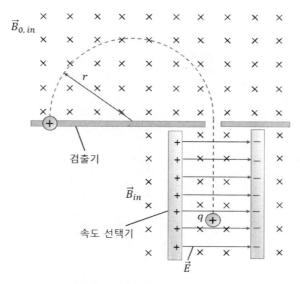

[**그림 5**   질량분석기 개념도]

담당교수 : _____ 교수님

실험일	월 일	제출일	월 일
학번		이름	
( )조 조원이름	• • •		

[실험 01-1 실험조건]

추의 질량 $m = $ _____ kg

전류천칭 : $l = $ _____ m, $d = $ _____ m,

솔레노이드 : $n = 1500$ turns/m

솔레노이드 전류 $i = $ _____ A,

횟수	분동의 위치 s(m)	천칭전류 I(A)	$B = \dfrac{mgs}{Ild}$ (T)	$F = \dfrac{mgs}{d}$ (N)
1				
2				
3				
4				
5				

- 그래프 그리기(전류 변화에 대한 자기장의 변화)

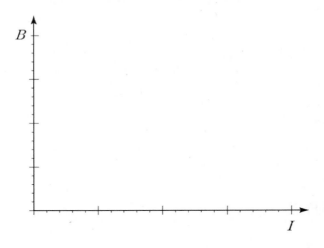

- 그래프 그리기(전류 변화에 대한 자기력의 변화)

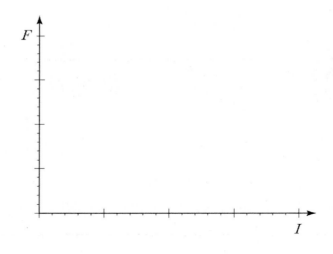

- 자기장에 대한 이론 식에 의한 값과, 측정에서 구한 자기장 값을 구하고 측정오차를 구하시오.

$$B_{이론} = \mu_0 ni = \underline{\hspace{3cm}} \; T$$

$$측정\ 오차 : \frac{|이론값 - 실험값|}{이론값} \times 100 = \underline{\hspace{3cm}} \; \%$$

- 실험결과를 이용하여 공기 중에서 투자율을 구하고. 이론값과 비교하여 오차를 구하라.

$$\text{투자율의 실험값 } \mu_{공기} = \underline{\hspace{3cm}} \quad T \cdot m \cdot A^{-1}$$

$$\text{측정 오차 : } \frac{|\text{이론값} - \text{실험값}|}{\text{이론값}} \times 100 = \underline{\hspace{3cm}} \%$$

[실험 01-2 솔레노이드 전류 $i = $ _____ A]

횟수	분동의 위치 s(m)	천칭전류 I(A)	$B = \dfrac{mgs}{Ild}$ (T)	$F = \dfrac{mgs}{d}$(N)
1				
2				
3				
4				
5				

- 그래프 그리기(전류 변화에 대한 자기장의 변화)

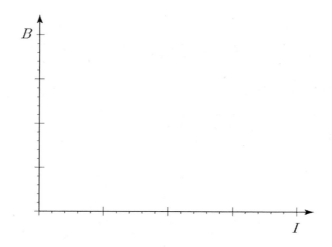

• 그래프 그리기(전류 변화에 대한 자기력의 변화)

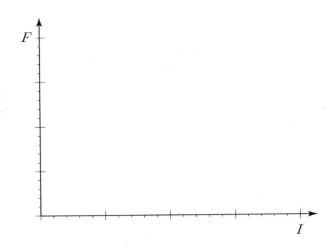

• 자기장에 대한 이론 식에 의한 값과, 측정에서 구한 자기장 값을 구하고 측정오차를 구하시오.

$$B_{이론} = \mu_0 ni = \underline{\hspace{3cm}} \text{ T}$$

측정 오차 : $\dfrac{|이론값 - 실험값|}{이론값} \times 100 = \underline{\hspace{2.5cm}} \%$

• 실험결과를 이용하여 공기 중에서 투자율을 구하고. 이론치와 비교하여 오차를 구하라.

투자율의 실험값 $\mu_{공기} = \underline{\hspace{3cm}} \text{ T} \cdot \text{m} \cdot \text{A}^{-1}$

측정 오차 : $\dfrac{|이론값 - 실험값|}{이론값} \times 100 = \underline{\hspace{2.5cm}} \%$

[실험 02-1 실험조건]

추의 질량 $m =$ _____ kg

전류천칭 : $l =$ _____ m, $d =$ _____ m,

솔레노이드 : $n =$ 1500 turns/m

솔레노이드 전류 $i =$ _____ A,

횟수	분동의 위치 s(m)	천칭전류 I(A)	$B = \dfrac{mgs}{Ild}$ (T)	$F = \dfrac{mgs}{d}$ (N)
1				
2				
3				
4				
5				

• 그래프 그리기(전류 변화에 대한 자기장의 변화)

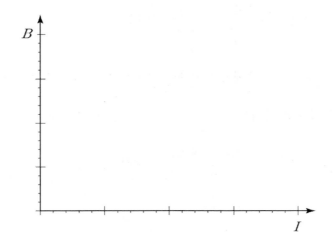

• 그래프 그리기 (전류 변화에 대한 자기력의 변화)

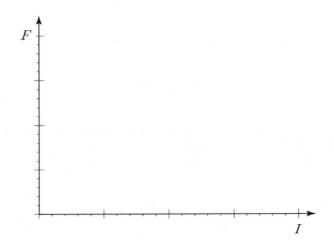

• 자기장에 대한 이론 식에 의한 값과, 측정에서 구한 자기장 값을 구하고 측정오차를 구하시오.

$$B_{이론} = \mu_0 n i = \underline{\hspace{3cm}} \text{ T}$$

$$측정 \ 오차 : \frac{|이론값 - 실험값|}{이론값} \times 100 = \underline{\hspace{3cm}} \%$$

• 실험결과를 이용하여 공기 중에서 투자율을 구하고. 이론치와 비교하여 오차를 구하라.

$$투자율의 \ 실험값 \ \mu_{공기} = \underline{\hspace{3cm}} \text{ T} \cdot \text{m} \cdot \text{A}^{-1}$$

$$측정 \ 오차 : \frac{|이론값 - 실험값|}{이론값} \times 100 = \underline{\hspace{3cm}} \%$$

[실험 02-2 솔레노이드 전류 $i = $ _____ A]

횟수	분동의 위치 s(m)	천칭전류 I(A)	$B = \dfrac{mgs}{Ild}$ (T)	$F = \dfrac{mgs}{d}$ (N)
1				
2				
3				
4				
5				

• 그래프 그리기(전류 변화에 대한 자기장의 변화)

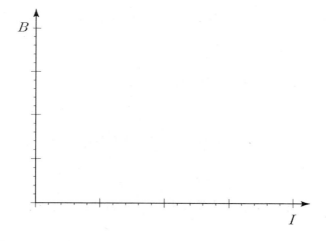

- 그래프 그리기(전류 변화에 대한 자기력의 변화)

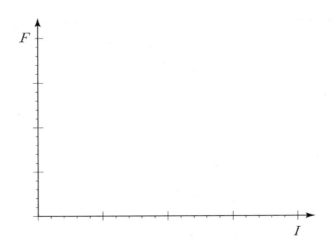

- 자기장에 대한 이론 식에 의한 값과, 측정에서 구한 자기장 값을 구하고 측정오차를 구하시오.

$$B_\text{이론} = \mu_0 ni = \underline{\hspace{3cm}} \text{ T}$$

$$측정\ 오차 : \frac{|이론값 - 실험값|}{이론값} \times 100 = \underline{\hspace{2.5cm}} \%$$

- 실험결과를 이용하여 공기 중에서 투자율을 구하고. 이론치와 비교하여 오차를 구하라.

$$투자율의\ 실험값\ \mu_\text{공기} = \underline{\hspace{2.5cm}} \text{ T} \cdot \text{m} \cdot \text{A}^{-1}$$

$$측정\ 오차 : \frac{|이론값 - 실험값|}{이론값} \times 100 = \underline{\hspace{2.5cm}} \%$$

[실험구상 02 질량분석기를 실험적으로 구상해 보자]

실험 제목 : _____

• 질량분석기의 원리와 이론	• 실험 장치도(그림으로 표현)

[실험구상 01   자석의 특성을 이해하고 자석을 만들어 보자.]

실험 제목 : _____

• 자석의 종류 와 특성	
• 자석을 만드는 방법(그림으로 표현)	• 실험방법 설명

〈질문〉

■ 아래 질문에 답하시오.

답변할 때는 자료를 찾아보고 토론해본 후 스스로 정리해보면 해결해야 할 문제에 대한 이해도가 높아지고 응용력도 향상됩니다.

1) 본 실험에서 오차의 원인은 무엇인가?
2) 오차를 줄일 수 있는 아이디어를 생각해보고 방법을 서술하시오.
3) 자석에서 자기력선의 모양을 그려보고, 양전하와 음전하(전기쌍극자)에서 형성되는 전기력선과 비교해 보고 차이점을 설명하시오.
4) 도선에 전류가 흐를 때 자기력은 다음 식 $\vec{F} = I\vec{L} \times \vec{B}$와 같이 표현되는데 vector product ($\times$)가 뜻하는 의미를 방향을 고려하여 기하학적으로 설명하시오.
5) 본 실험에서 솔레노이드의 길이 방향과 같은 전류천칭의 도선(예: ab 방향선)은 힘을 받지 않는데 그 이유를 설명하시오.
6) 자기홀극에 대해서 조사해보고 논하시오.

▷ 답변 :

〈실험결과 요약〉

◪ 서론 본론 결론 형식으로 자유롭게 기술하세요.

논문형식의 기술적 글쓰기(Technical Writing)를 통해서 주장하는 내용에 대한 의미전달 능력을 향상시킬 수 있고 창의적 생각 또한 키워나갈 수 있습니다.

실험제목 :
작성자 신원 :

〈서론〉

〈본론〉

〈결론〉

〈참고문헌〉

생각해 봅시다.

▣ 우리는 우주진화의 역사를 탐구하고 있습니다. 빅뱅부터 현재까지 특징적인 현상을 정리해보고, 도대체 이 현상들을 어떻게 알아냈는지 관측 및 실험 방법에 대해서 토론해 보세요.

◆ 현대 우주론: 빅뱅

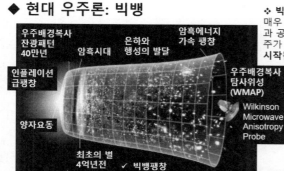

❖ 빅뱅 :
매우 높은 에너지를 가지고 한 점에 모여 있던 물질과 공간이 → 약 **138억 년 전**에 폭발해서 현재의 우주가 되었다고 보는 이론 → 빅뱅부터 **시간과 공간이** 시작됨

- **인플레이션**: 빅뱅 후→ 10^{-35} ~ 10^{-32}초
  - ✓ 지름: 10^{43}
  - ✓ 부피: 10^{129} 배 팽창
  - → 균일하고 평평한 우주가 됨

- **태초의 3분, ~38만년**:
  - ✓ 팽창하며 온도 내려 감
  - ✓ 양성자, 중성자 만들어짐
  - ✓ 결합하여 → 헬륨핵
  - ✓ 플라즈마 스프 상태 -> 빛 진행 못함

- **38만년 후**: 온도 : ~3000K
  - ✓ 전자+원자핵 결합=중성원자형성
  - ✓ 투명한 우주→ 빛 퍼져 나감 → 우주배경복사: 2.73K

- **암흑시기**: 빅뱅 후→ ~2억년
  - ✓ 온도 낮아져→ 전자기파 파장 길어 짐→ 어둠
  - ✓ 태동준비: 은하와 별들 생성 준비

- **1세대 별들**:
  - ✓ 수소와 헬륨기체 뭉침→ 핵융합→26번 철
- **초신성 폭발**:
  - ✓ 무거운 원소 만들어 짐

◆ 우주배경 복사

- **Wilkinson Microwave Anisotropy Probe 데이터**
  - ✓ 우주 마이크로파 배경 온도 변동
  - ✓ 색상은 작은 온도 변동을 냄
  - ✓ 평균 온도: 2.725K
  - ✓ 빨간색 영역은 더 따뜻하고 → 파란색 영역은 약 0.0002도 더 차가움

❖ **WMAP satellite artist depiction from NASA**

- **윌킨슨 마이크로파 비동방성 탐색기**
  (Wilkinson Microwave Anisotropy Probe; WMAP)
  - ✓ 2001년 6월 30일 발사한 위성
  - ✓ 목적 : 우주 마이크로파 배경 온도의 미세한 차이를 측정하기 위해

자기장 측정

1. 실험목표

전기현상에서 Gauss의 법칙이 있듯이 자기현상에서는 Ampere의 법칙이 있다. 솔레노이드와 직선도선에 전류가 흐를 때 생성되는 자기장을 측정하여 자기장 분포를 실험적으로 확인해 본다. 또한 실험 데이터와 이론은 비교하여 Ampere의 법칙이 성립하는가를 확인해 본다.

2. 학습목표

◆ 학습목표 : 자기장에 대한 이해

❖ 아래 내용에 대한 개념을 정리해 보고, 실험을 구상해 보세요.

• 자기장과 전기장에 대해서 토론해 본다.
• Ampere의 법칙을 이해하고 Gauss의 법칙과 비교해 본다.
• 자기장에 대한 이론을 세우기 위해서 Biot와 Savart가 수행한 실험방법을 조사해 보고 토론해 본다.
• 긴 직선도선과 솔레노이드가 만드는 자기장을 유도해 본다.
• 관련 실험을 구상해 본다.

André-Marie Ampère
(1775년 ~1836년)

3. 기본 개념에 대한 이해

개념이해	Ampere's Law	
URL	https://youtu.be/f8e58ZKY72w	

개념이해	Boit-Savart's Law	
URL	https://youtu.be/ok1hWy4FdOk	

개념이해	암페어 법칙과 가우스 법칙 비교	
URL	https://youtu.be/M0h-S8RTkZU	

◆ Ampere 법칙

- 임의의 모양의 도선에 흐르는 전류와 그 도선에 의해 생성되는 자기장 사이의 관계

$$\oint \vec{B} \cdot \vec{ds} = \mu_o I_{enc}$$

André-Marie Ampère(1775년 ~1836년)

◆ Biot-Savart 법칙

$$dB \propto k \frac{ids \sin\theta}{r^2}$$

$$dB = \frac{\mu_o}{4\pi} \frac{ids \sin\theta}{r^2}$$

$$d\vec{B} = \frac{\mu_o}{4\pi} \frac{i\vec{ds} \times \hat{r}}{r^2}$$

$$d\vec{B} = \frac{\mu_o}{4\pi} \frac{i\vec{ds} \times \vec{r}}{r^3}$$

$\mu_0 = 4\pi \times 10^{-7} T \cdot m/A$

자유 공간의 투자율
(permeability of free space)

Jean-Baptiste Biot
(1774–1862)

Félix Savart
(1791~ 1841)

❖ 실험구상
나침반의 N극은 북쪽을 가리킨다. 이는 지구도 거대한 자석이라는 뜻이다. 지구 자기장(수평 자기력)을 측정할 수 있는 실험을 구상해 보고 방법을 설명해 보자.

지구자기장의 컴퓨터 시뮬레이션
2007년, 출처: 위키백과

4. 이론 및 원리

4.1 솔레노이드가 만드는 자기장

개념이해	솔레노이드가 만드는 자기장	
URL	https://youtu.be/SLMAK4ECTIo	

솔레노이드(solenoid)란 그림 1과 같이 도선을 촘촘하게 감은 것을 말하는데, 길이가 매우 길면 솔레노이드 내부에서 자기장은 균일하고 축과 평행을 이루게 된다. 이러한 솔레노이드에 전류가 흐를 때 솔레노이드가 만드는 자기장을 계산해 보자. 솔레노이드의 길이를 l, 도선이 감긴 수를 N, 도선에 흐르는 전류는 I라고 하자. 자기장의 크기를 구하기 위해 Ampere 법칙

$$\oint \vec{B} \cdot \vec{ds} = \mu_o I_{enc}$$

을 그림 1에 적용하면, 직사각형 $abcda$로 Ampere 고리를 정할 수 있는데

$$\oint \vec{B} \cdot \vec{ds} = \int_a^b \vec{B} \cdot \vec{ds} + \int_b^c \vec{B} \cdot \vec{ds} + \int_c^d \vec{B} \cdot \vec{ds} + \int_d^a \vec{B} \cdot \vec{ds}$$

와 같이 표현된다. 이 항들 중 첫 항을 제외한 나머지 항들은 자기장 $\vec{B}$와 미소길이벡터 $\vec{ds}$가 서로 수직이고, 외부 자기장은 아주 약하기 때문에 모두 0이 된다. 이 조건들을 적용하여 다시 쓰면

$$\int_a^b \vec{B} \cdot \vec{ds} = \int_0^l \vec{B} \cdot \vec{ds} = Bl = \mu_o I_{enc}$$

이 된다. 식에서 I_{enc}는 도선에 흐르는 전류 I가 고리의 감긴 수 N만큼 통과하기 때문에 $I_{enc} = NI$이 되고, 식에 대입하면

$$B = \mu_o \frac{N}{l} I$$

이다. 식에서 길이 당 감은 수(turn/m)는 권선밀도 n의 정이이므로, 솔레노이드가 만드는

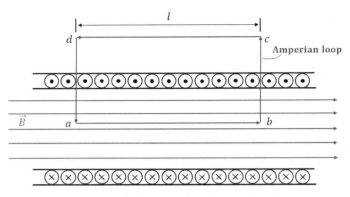

[그림 1] 솔레노이드 내부에서의 자기장

자기장은

$$B = \mu_0 n I$$

와 같이 간략히 표현된다.

이 식에서 자기장의 세기는 코일의 반지름 또는 코일 내부의 위치에 무관함을 알 수 있다. 그러나 실제로는 솔레노이드의 길이는 유한하고 솔레노이드 내부의 자기장도 균일하지 않기 때문에 보정을 해주어야 한다. 길이가 유한한 솔레노이드 중심축 상의 임의의 점 O에서 자기장의 세기는 Biot-Savart의 법칙을 이용하면

$$B_{x=0} = \frac{1}{2}\mu_0 n I \left(\frac{\frac{l}{2}-x}{\sqrt{R^2 + \left(\frac{l}{2}-x\right)^2}} + \frac{\frac{l}{2}+x}{\sqrt{R^2 + \left(\frac{l}{2}+x\right)^2}} \right)$$
$$= \frac{1}{2}\mu_0 n I (\cos\theta_1 + \cos\theta_2)$$

와 같이 표현되고, x는 중심으로부터 떨어진 축방향의 길이이다. 솔레노이드의 길이를 l, 중심을 원점으로 잡으면, 중심($x=0$, $a=b=l/2$) 과 끝점($x=l/2$) 에서 자기장의 세기는

$$B_{x=0} = \mu_0 n I \left(\frac{l}{\sqrt{l^2 + 4R^2}} \right), \quad B_{x=\frac{l}{2}} = \frac{1}{2}\mu_0 n I \left(\frac{l}{\sqrt{l^2 + R^2}} \right)$$

으로 주어진다. 이 식은 솔레노이드 내부에서 자기장만을 계산하기 때문에 솔레노이드

외부에서의 자기장은 이 식이 성립하지 않는다.

4.2 직선 도선이 만드는 자기장

전류 I가 흐르는 직선 도선이 만드는 자기장의 크기를 계산하기 위해서 Ampere 법칙 $\oint \vec{B} \cdot \vec{ds} = \mu_0 I$을 적용해 보면

$$B \oint ds = B(2\pi r) = \mu_0 I$$

이 되고, 구하고자 하는 자기장 B은

$$B(r) = \frac{\mu_0 I}{2\pi r}$$

으로 표현된다. 여기서, μ_0는 진공의 투자율로서 $\mu_0 = 4\pi \times 10^{-7}\,\mathrm{T \cdot m/A}$이다. 이식은 도선의 중심으로부터 거리 r만큼 떨어진 지점의 자기장의 크기를 뜻하고, 이때 자기장의 방향은 원의 접선 방향을 향한다. 자기장의 방향은 그림 2와 같이 전류방향을 엄지손가락으로 가리키고 나머지 네 손가락으로 도선을 감싼 모양을 생각하면 쉽게 이해할 수 있다.

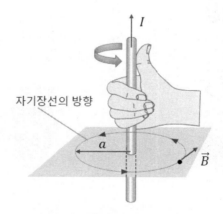

자기장선의 방향

[**그림 2** 직선 도선에서의 자기장]

5. 실험장비

• 솔레노이드	• 직선도선
• 원형도선	• 이동트랙
• 테슬라미터	• 프로브(축방향, 접선방향)
• 전원 공급기	• 지지대
• 버니어 캘리퍼스	• 줄자

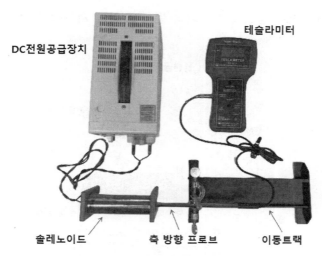

DC전원공급장치

테슬라미터

솔레노이드   축 방향 프로브   이동트랙

[**그림 3** 자기장 측정 시험 장치도]

6. 실험방법

실험소개	Ampere's Law-1	
URL	https://youtu.be/kQUvlLHrXKw	

실험소개	Ampere's Law-1	
URL	https://youtu.be/tPQlME4yFZw	

⊙ 주의 사항
- 실험에서 사용하는 테슬라미터는 외부자장에 민감하므로 주의하여야 한다.
- 프로브(probe, 자기센서)의 선정에 주의해야 한다.
- 솔레노이드와 직선도선이 만드는 자기장의 모양을 고려하여 프로브의 위치선정도 주의해야 한다.
- 직선도선에 유도되는 자기장을 측정할 때는 길이 보정을 해야 한다. 접선 방향 프로브가 직선도선에 닿았을 때 도선 중앙과 접선 방향 프로브에 있는 자기장 감지 센서 사이의 거리가 0.35 cm 차이가 난다. 따라서 거리 r은 프로브와 도선이 닿았을 때 0 cm부터 시작하는 것이 아니라 0.35 cm부터 자기장을 측정하게 된다.

[실험 01 솔레노이드 중심축에서 거리 변화에 따른 자기장 측정]

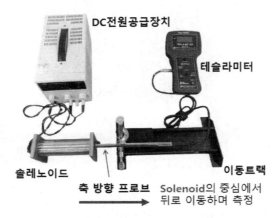

[**그림 4** 거리변화에 따른 자기장 측정]

① 전원 공급기의 전원이 꺼져 있는 상태에서 그림 4와 같이 설치하고 전원 공급기와
연결한다.

② 축 방향 프로브를 테슬라미터에 연결하고 이동트랙에 장착한다.

③ 솔레노이드 코일의 규격을 이용하여 프로브가 코일 중심에 오게 한다. 이때 자기장의
크기가 가장 큰 지점을 시작 위치 ($y = 0.00$ cm)로 한다.

④ 테슬라미터의 전원을 켜고 범위 선택 다이얼을 최소에 맞추고 영점을 잡는다.

⑤ 전원공급기의 전원을 켜고 10V로 맞추고 전류값을 기록한다.

⑥ 프로브를 바깥으로 이동시키면서 거리 변화에 따른 자기장 값을 기록한다.

⑦ 위 과정을 반복하여 측정하고 평균값을 구한다.

[실험 02 솔레노이드 중심에서 전류 변화에 따른 자기장 측정]

① 위의 ①~④ 과정을 반복한다.

② 전원 공급기의 전원을 켜고 전류를 0.5A로 맞춘 후, 자기장 값을 기록한다.

③ 전류를 0.5A씩 증가시켜가며, 자기장을 측정하여 기록한다.

④ 위 과정을 반복하여 측정하고 평균값을 구한다.

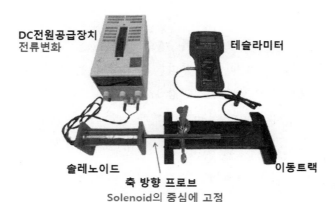

솔레노이드   축 방향 프로브
        Solenoid의 중심에 고정

[**그림 5** 전류변화에 따른 자기장 측정]

[실험 03   직선도선에서 거리 변화에 따른 자기장 측정]

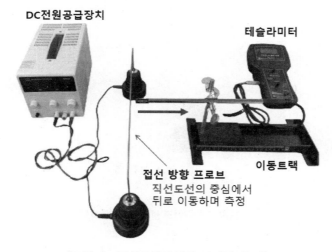

접선 방향 프로브
직선도선의 중심에서
뒤로 이동하며 측정

[**그림 6**   직선도선에서의 자기장 측정]

① 전원 공급기의 전원이 꺼져 있는 상태에서 그림 6과 같이 직선 도선을 설치하고
   전원 공급기에 연결한다.
② 접선 방향 프로브를 테슬라미터에 연결하고 이동트랙에 장착한다.
③ 프로브가 도선 중앙에 수직하게 닿을 만큼 트랙을 이동시키고 영점을 잡는다. 이때
   $r = 0.35\,\mathrm{cm}$ 이다(주의사항 참조).
④ 테슬라미터의 전원을 켜고 범위 선택 다이얼을 최소($20\,\mathrm{mT}$)에 맞춘 후, 영점을

잡는다.

⑤ 전원 공급기의 전원을 켜고 전류를 5A로 맞춘다.

⑥ 프로브를 이동시키며 거리 변화에 따른 자기장 값을 기록한다.

⑦ 위 과정을 반복하여 측정하고 평균값을 구한다.

⑧ 이론적 자기장 값과 실험값을 비교한다.

7. 다른 실험방법 구상

[실험구상 01 원형도선에서 거리 변화에 따른 자기장 측정 실험을 구상해 본다.]

• 실험장치도를 그려보고 실험방법을 설명해 본다.

• 원형도선에서 자기장의 크기를 유도해 본다.

[그림 7 원형도선과 전극단자]

[실험구상 02 Biot와 Savart가 자기장에 대한 이론식을 찾기 위해서 수행한 실험을 구상해 본다.]

• 실험장치도를 그려보고 실험방법을 설명해 본다.

• 실험을 이용하여 자기장에 대한 식을 유도해 본다.

담당교수 : _____ 교수님

실험일	월 일	제출일	월 일
학번		이름	
( )조 조원이름	• • •		

[실험 01 솔레노이드 중심축에서 거리 변화에 따른 자기장 측정]

솔레노이드 반지름 $R = $ _____ cm,

솔레노이드 길이 $l = $ _____ cm

$I = $ _____ A,

$n = $ _____ turns/m

도선으로부터의 거리(cm)	자기장 B(mT) 실험값						자기장(mT) 이론값	오차(%)
	1회	2회	3회	4회	5회	평균		
0.00								
1.00								
2.00								
3.00								
4.00								
5.00								
6.00								
7.00								

* 자기장 B 이론값은 계산은

$$B_{x=0} = \frac{1}{2}\mu_0 nI\left(\frac{\dfrac{l}{2}-x}{\sqrt{R^2+\left(\dfrac{l}{2}-x\right)^2}} + \frac{\dfrac{l}{2}+x}{\sqrt{R^2+\left(\dfrac{l}{2}+x\right)^2}}\right)$$

을 이용한다.

* 거리 변화에 따른 자기장의 변화를 그래프로 그려라(실험값: ▲, 이론값: △).

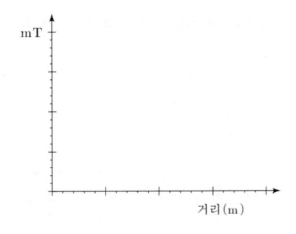

[실험 02 솔레노이드 중심에서 전류 변화에 따른 자기장 측정]

전류 (A)	자기장 B(mT) 실험값						자기장(mT) 이론값	오차(%)
	1회	2회	3회	4회	5회	평균		
0.5								
1.0								
1.5								
2.0								
2.5								
3.0								

* 자기장 B 이론값은 계산은 $B_{x=0} = \mu_0\, n I \left(\dfrac{l}{\sqrt{l^2 + 4R^2}} \right)$ 을 이용한다.

* 전류 변화에 따른 자기장의 변화를 그래프로 그려라.
  (실험값 : ▲, 이론값 : △로 구분하여 그리시오.)

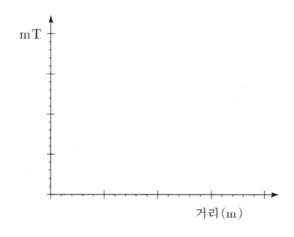

[실험 03 직선도선에서 거리 변화에 따른 자기장 측정]

$I =$ _____ A

도선으로부터의 거리(cm)	자기장 B(mT) 실험값						자기장(mT) 이론값	오차 (%)
	1회	2회	3회	4회	5회	평균		
0.35								
0.50								
0.70								
0.90								
1.10								
1.30								

* 자기장 B 이론값 계산은 $B(r) = \dfrac{\mu_0 I}{2\pi r}$ 을 이용한다.

* 거리 변화에 따른 자기장의 변화를 그래프로 그려라.
  (실험값 : ▲, 이론값 : △로 구분하여 그리시오.)

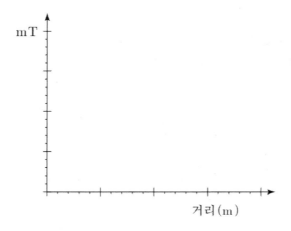

[실험구상 01 원형도선에서 거리 변화에 따른 자기장 측정 실험을 구상해 본다.]

실험 제목 : _____

• 실험 장치도(그림으로 표현)	• 실험방법 설명

• 원형도선에서 자기장의 크기 유도

[실험구상 02 Biot와 Savart가 자기장에 대한 이론식을 찾기 위해서 수행한 실험을 구상해 본다.]

실험 제목 : _____

• 실험 장치도(그림으로 표현)	• 실험방법 설명

• 실험결과를 이용하여 자기장에 대한 식을 유도

〈질문〉

➡ 아래 질문에 답하시오.

답변할 때는 자료를 찾아보고 토론해본 후 스스로 정리해보면 해결해야 할 문제에 대한 이해도가 높아지고 응용력도 향상됩니다.

---

1) 본 실험에서 오차의 원인은 무엇인가?

2) 오차를 줄일 수 있는 아이디어를 생각해보고 방법을 서술하시오.

3) 암페어 법칙에 대해서 설명하시오.

4) 직선도선, 원형도선, 그리고 솔레노이드에서 형성되는 자기장의 모양을 그리시오. 전류의 방향은 임의로 정한다.

5) 길이가 l이고, 권선수가 N인 솔레노이드에서 암페어 고리(Amperian loop)를 그림과 같이 사각형으로 잡았다. 각 구간에서 자기장의 크기 B을 구하고 이유를 설명하시오.

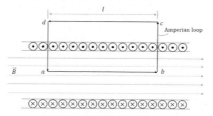

6) 길이가 l이고, 권선수가 N인 솔레노이드에서 암페어 고리를 그림과 같이 원형으로 잡았을 때 자기장의 크기 B을 구하고 이유를 설명하시오.

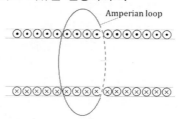

7) 길이가 0.350 m 이고, 950번 감긴 솔레노이드가 있다. 솔레노이드에 0.280 A의 전류가 흐를 때 내부 자기장을 계산하시오.

▷ 답변 :

⟨실험결과 요약⟩

▶ 서론 본론 결론 형식으로 자유롭게 기술하세요.

논문형식의 기술적 글쓰기(Technical Writing)를 통해서 주장하는 내용에 대한 의미전달 능력을 향상시킬 수 있고 창의적 생각 또한 키워나갈 수 있습니다.

실험제목 :
작성자 신원 :

⟨서론⟩

⟨본론⟩

⟨결론⟩

⟨참고문헌⟩

■ 원형 도선에서의 자기장 유도

그림 8에서와 같이 반지름 R의 원형 도선에 전류 I가 흐를 때, 중심 축 상의 임의의 점 P에서 자기장의 크기 B는, 도선 요소 $\vec{ds}$에 의한 벡터 $d\vec{B}$는 비오-사바르의 법칙에 의해

$$d\vec{B} = \frac{\mu_0 I}{4\pi} \frac{\vec{ds} \times \hat{r}}{r^2}$$

이고, 벡터 $\vec{ds}$과 $\hat{r}$은 수직이므로

$$dB = \frac{\mu_0 I ds \sin 90°}{4\pi r^2} = \frac{\mu_0 I ds}{4\pi r^2}$$

이다. 벡터 $d\vec{B}$는 dB_x와 dB_y의 성분으로 나눌 수 있고, dB_y 성분은 대칭성에 의해 원형 도선 전체에 대해 합하면 영이 될 것이다. 그러므로 x축 방향의 자기장 성분만 고려하면,

$$B = \int dB_x = \int dB \sin \theta$$

이다. 그러므로 위 식을 대입하여 정리하고, $\sin \theta = \dfrac{R}{r}$ 를 대입하면

$$B(x) = \frac{\mu_0 I R^2}{2 (R^2 + x^2)^{3/2}}$$

가 된다.

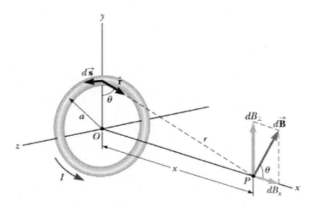

[**그림 8** 원형 도선에서의 자기장]

◆ 긴 직선도선에서의 자기장

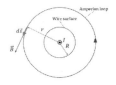

- r > R

$$\oint \mathbf{B} \cdot d\mathbf{s} = \oint B ds = B \oint ds = B(2\pi r)$$
$$= \mu_0 I$$

$$\boxed{B = \frac{\mu_0 I}{2\pi r}}$$

- **r < R**

$$\frac{I'}{I} = \frac{\pi r^2}{\pi R^2} \quad \Rightarrow \quad I' = \frac{r^2}{R^2} I$$

$$\oint \mathbf{B} \cdot d\mathbf{s} = B(2\pi r) = \mu_0 I' = \mu_0 \left(\frac{r^2}{R^2} I\right)$$

$$\boxed{B = \left(\frac{\mu_0 I}{2\pi R^2}\right) r}$$

◆ Solenoid의 자기장

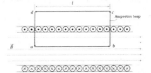

$$\oint \mathbf{B} \cdot d\mathbf{s} = \int_{loop\,2} \mathbf{B} \cdot d\mathbf{s}$$

$$= \int_{path\,1} \mathbf{B} \cdot d\mathbf{s} + \int_{path\,2} \mathbf{B} \cdot d\mathbf{s} + \int_{path\,3} \mathbf{B} \cdot d\mathbf{s} + \int_{path\,4} \mathbf{B} \cdot d\mathbf{s}$$

$$\therefore \mathbf{B} \perp d\mathbf{s} \quad \therefore \mathbf{B} = 0 \quad \therefore \mathbf{B} \perp d\mathbf{s}$$

$$= \int_{path\,1} \mathbf{B} \cdot d\mathbf{s} = \int_{path\,1} B ds = B \int_{path\,1} ds = B\ell$$

$$\oint \mathbf{B} \cdot d\mathbf{s} = B\ell = \mu_0 NI$$

$$\boxed{B = \mu_0 \frac{N}{\ell} I = \mu_0 n I}$$ 솔레노이드 내부
자기장

➡ 프랜시스 베이컨이 제시한 4가지 우상론에 대해서 조사해보고 오류에 빠지지 않는 방법에 대해서 토론해 보세요.

◆ 프랜시스 베이컨과 실험과학

(Francis Bacon, 1561~1626)

- 영국의 철학자, 정치인
- 영국 경험론의 시조
- 데카르트와 함께 근세 철학의 개척자
- 명언: **'아는 것이 힘이다'**

➢ **1620년『노붐 오르가논(Novum Organum); 신기관』**
- **1권 : 4가지 우상 제시**
- **2권 : 귀납법으로 우상에서 벗어나는 과학적 방법 제시**
  - 종족의 우상 ⎫ 개인의 심리 상태와 연관된
  - 동굴의 우상 ⎭ 우상
  - 시장의 우상 ⎫ 사회적 상황과 연관된 우상
  - 극장의 우상 ⎭

◆『노붐 오르가논(Novum Organum)』: 네 가지 우상(idol)

(Francis Bacon, 1561~1626)

I. **종족의 우상(idola tribus ; The idols of the tribe)** : 인간에게 본유적으로 존재하는 폐단(인간이성의 한계, 감각의 불완전성, 감정과 욕망의 영향)

II. **동굴의 우상(idola specus ; The idols of the cave)** : 개인에 특유한 주관과 선입견에 의한 폐단(개인의 자질, 교육이나 습관, 우연한 환경)

III. **시장의 우상(idola fori ; The idols of the marketplace)** : 인간이 사용하는 부호, 특이 언어로부터 나오는 폐단(잘못되고 적합하지 못한 언어→ 이해에 방해를 줌)

IV. **극장의 우상(idola theatri ; The idols of the theater)** : 학문의 체계나 학파로부터 생기는 폐단(하나의 학문체계 학파에 억지로 맞춰서 살리려 할 때 생기는 폐단)

<table>
</table>

<table><tr><td></td></tr></table>

실험 09

유도기전력 측정

1. 실험목표

인류문명을 바꾸어놓은 중요한 물리학적 실험들이 있다. Faraday의 유도기전력에 관한 실험적 발견도 그중에 하나일 것이다. Faraday의 유도법칙을 이해하고, 변화하는 자기선속에 의해 유도되는 유도기전력의 크기를 구한다. 상대적으로 긴 1차의 솔레노이드 코일에 다양한 크기의 전류와 주파수로 자기장을 형성시킨 후 1차코일 내로 삽입되는 2차코일 양단에서의 유도기전력에 대하여 1차 코일의 전류와 주파수 및 2차 코일의 감은 수, 코일 반경 등의 함수관계를 조사한다.

2. 학습목표

◆ 학습목표 : 전자기유도에 대한 이해

❖ 아래 내용에 대한 개념을 정리해 보고, 실험을 구상해 보세요.

- 자기선속과 전기선속에 대해서 조사해 보고 비교해 본다.
- Faraday 업적에 대해서 자료를 조사해 보고 유도법칙의 응용성에 대해서 토론해 본다.
- Lenz의 법칙에 대해서 조사해 보고 응용성에 대해서 토론해 본다.
- 관련 실험을 구상해 본다.

3. 기본 개념에 대한 이해

◆ Faraday의 전자기 유도 법칙

- 자기선속(Magnetic Flux)

넓이가 A인 고리를 통과하는 자기선속(magnetic flux) Φ_B

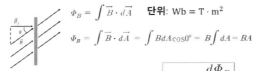

$$\Phi_B = \int \vec{B} \cdot d\vec{A} \qquad \textbf{단위: } Wb = T \cdot m^2$$

$$\Phi_B = \int \vec{B} \cdot d\vec{A} = \int BdA\cos0^\circ = B\int dA = BA$$

- **Faraday의 전자기 유도 법칙**

$$\varepsilon = -\frac{d\Phi_B}{dt}$$

$$\varepsilon = -N\frac{d\Phi_B}{dt}$$

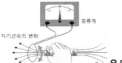

- 유도법칙 : 시간에 따라 변화하는 자기장은
→ 회로에서 전기를 유도할 수 있음을 보여줌

자석이 고리에 대해 상대적으로 움직인다.

❖ 실험구상
Faraday의 전자기 유도 실험에 대해서
조사해보고 중요성을 토론해 보세요.

[Michael Faraday의 1831년 실험 그림]

개념이해	운동기전력	
URL	https://youtu.be/QyFCQsLWDRI	

◆ Lenz's Law

- **의미** : 유도기전력과 전류의 방향 → 변화를 방해하려는 방

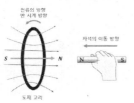

- **실험** : 막대자석을 정지한 고리 쪽으로 가져 가면 → 그림에 나타낸 방향으로 **전류가 유도** 됨
- **의미**: 유도전류가 오른쪽 방향으로 자기선속을 만들어 → 자석에 의한 자기선속의 증가에 저항한다.
- **실험** : 자석이 정지한 고리에서 **멀어지면** → 고리에는 그림에 나타낸 방향으로 **전류가 유도**된다.
- **의미** : 유도 전류가 왼쪽 방향으로 자기선속을 만들어 → 줄어드는 오른쪽 방향의 자기선속의 감소에 저항한다.

❖ 실험구상
운동기전력에 대해서 조사해보고, 발전
기의 모델을 실험적으로 구상해 보고 작
동원리에 대해서 토론해 보세요.

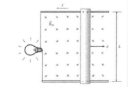

[운동기전력(Motional emf)]

4. 이론 및 원리

4.1 자기선속(Magnetic flux)

자기선속(magnetic flux)의 개념은 전기선속과 매우 유사하다. 그림 1과 같이 자기장 $\vec{B}$가 면적 $\vec{A}$를 통과하는 경우 자기선속 Φ_B는

$$\Phi_B = \int \vec{B} \cdot d\vec{A}$$

와 같이 전류고리가 감싼 면을 통과하는 자기장의 양으로 정의된다. SI 단위는 $T \cdot m^2$이고, Wb(weber)라고도 쓴다. 자기장 $\vec{B}$가 미소면적벡터 $d\vec{A}$와 평행하므로 $B\,dA\cos 0^o$가 되어 $B\,dA$로 쓸 수 있다. 즉,

$$\Phi_B = \int \vec{B} \cdot d\vec{A} = \int B\,dA\cos 0^o = B\int dA = BA$$

가 되고, 정리하면

$$\Phi_B = BA$$

이다. 물론 자기장 $\vec{B}$와 미소면적벡터 $d\vec{A}$가 각도 θ를 이루는 일반적인 경우 자기장의 선속은

$$\Phi_B = BA cos\theta$$

이다.

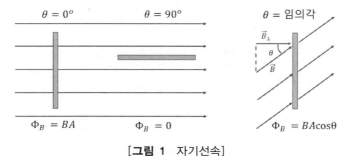

[**그림 1** 자기선속]

4.2 패러데이 법칙

개념이해	패러데이 법칙과 렌츠의 법칙
URL	https://youtu.be/ZQDz66tWJ_o

마이클 패러데이는 1831년 자기장의 변화로 도선에 전류가 흐르게 하는 실험을 성공하는데, 이를 Faraday의 유도법칙(Faraday's law of induction)이라고 한다. 그림 2와 같이 영구 자석이 단일코일을 통과하여 코일 내의 자기선속이 시간에 따라 변화할 경우, 코일에 유도기전력이 생긴다. 이때 코일에 유도되는 유도기전력 ε은 패러데이 법칙에 의해

$$\varepsilon = -\frac{d\Phi_B}{dt}$$

으로 주어지는데, 코일이 N번 감겨 있는 경우에는

$$\varepsilon = -\frac{d(N\Phi_B)}{dt}$$

와 같이 표현된다. 여기서 Φ_B는 코일을 통과하는 자기선속이며, N은 코일의 감은 수이다. "$-$" 부호는 유도 전류의 방향을 가리키며, "유도기전력에 의해 유도된 전류가 만드는 자기장이 회로를 통과하는 자기선속의 변화를 억제하도록 하는 방향으로 기전력의 극이 유도된다." 이것을 렌츠의 법칙(Lenz's law)이라고 부른다.

전류가 흐르는 코일에서 전류가 변화하면, 코일을 통과하는 자기선속이 변화하므로 그 코일에는 유도기전력이 생긴다. 이 현상을 자기유도(self induction)라 부르고, 이때 생기는 기전력을 자기 유도기전력이라 한다.

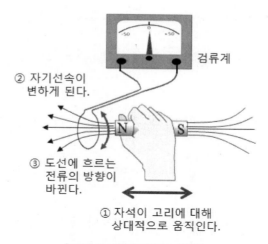

② 자기선속이
변하게 된다.

③ 도선에 흐르는
전류의 방향이
바뀐다.

① 자석이 고리에 대해
상대적으로 움직인다.

[**그림 2** 전자기유도 실험]

　그림 3과 같이 코일이 두 개가 있을 때 코일 1의 전류를 변화시키면 코일 1의 안쪽에 있는 코일 2를 지나가는 자기선속도 변하면서 코일 2에 유도기전력이 생기며 이를 상호유도라 한다.

　먼저 코일 1의 내부 자기장은 무한히 긴 솔레노이드라고 가정하면

$$B_1 = \mu_0 \frac{N_1}{l_1} i_1 = \mu_0 n_1 i_1$$

으로 표현된다. 여기에서 N_1을 코일의 감긴 수, l_1을 코일 1의 길이라고 하면 단위길이당 감긴 수 $n_1 = N_1/l_1$ 이며, i_1은 코일 1에 흐르는 전류이다.

　코일 2의 단면을 통과하는 자기선속은 코일 1 내부의 자기장은 균일한 것으로 근사하면

$$\Phi_2 = \vec{B}_1 \cdot \vec{A}_2 = B_1 A_2 = \mu_0 n_1 i_1 \pi r_2^2$$

이고, 여기에서 N_2는 코일 2의 감긴 수이고 A_2는 코일 2의 단면적이다. 코일 1에 흐르는 전류가

$$i_1 = i_0 \sin(\omega t)$$

일 때, 유도기전력 ε_2는

$$\varepsilon_2 = \frac{d(N_2 \Phi_2)}{dt} = -\mu_0 N_2 n_1 \pi r_2^2 \omega i_0 \cos(\omega t)$$

이 된다. 실험에서 멀티미터로 측정한 값은 모두 rms 값이므로

$$\overline{\varepsilon_2} = \mu_0 N_2 n_1 \pi r_2^2 \omega \, \overline{i_1} = \mu_0 N_2 n_1 \pi r_2^2 (2\pi f) \overline{i_1}$$

이다.

변압기의 경우에는 $\Phi_1 = \Phi_2 = \Phi$ 이므로 1차 코일과 2차 코일의 유도기전력은

$$\varepsilon_1 = -\frac{d(N_1\Phi)}{dt} \quad (\text{1차 코일의 유도기전력})$$

$$\varepsilon_2 = -\frac{d(N_2\Phi)}{dt} \quad (\text{2차 코일의 유도기전력})$$

이므로 정리하면 ε_1과 ε_2의 관계식은

$$\varepsilon_2 = -\frac{N_2}{N_1}\varepsilon_1$$

으로 표현된다.

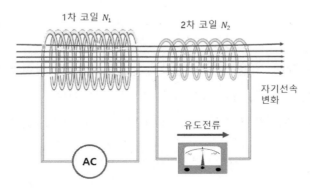

[**그림 3** 코일에 의한 전자기 유도]

5. 실험장비

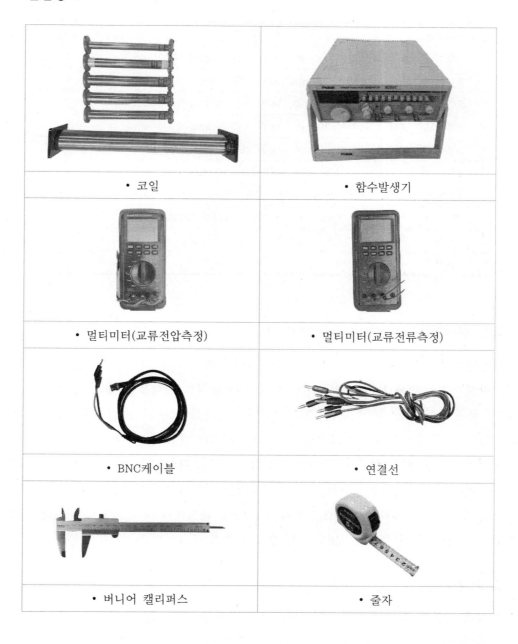

• 코일	• 함수발생기
• 멀티미터(교류전압측정)	• 멀티미터(교류전류측정)
• BNC케이블	• 연결선
• 버니어 캘리퍼스	• 줄자

5.1 코일 규격

구성품	규격	수량
1차 코일	길이 600mm, 내부 지름 63mm, 1400turn	1
2차 코일	길이 300mm, 내부 지름 40mm, 500turn	1
2차 코일	길이 300mm, 내부 지름 40mm, 1500turn	1
2차 코일	길이 300mm, 내부 지름 40mm, 1000turn	1
2차 코일	길이 300mm, 내부 지름 30mm, 1000turn	1
2차 코일	길이 300mm, 내부 지름 25mm, 1000turn	1
함수발생기	사인, 삼각, 구형, 램프, 펄스, 0.02Hz~2MHz	1
멀티미터	Real rms 측정가능 디지털 멀티미터	2
연결선	바나나 – 바나나 1m	3
연결선	바나나 – BNC	1

5.2 함수발생기(Function Generator)

함수발생기는 선택된 주파수 범위 내에서 여러 파형의 교류 전압을 발생한다. 한 개의 함수발생기로는 비록 모든 범위의 주파수나 모든 종류의 파형을 만들 수는 없지만, 수 Hz의 적은 주파수에서부터 수천 MHz 범위의 주파수를 만들 수 있다. 예를 들면 그림 4에 있는 모델의 출력주파수 범위는 0.02 Hz~2 MHz, 7 range이다.

발생파형은 구형파, 삼각파, 정현파(사인파) 등이다. 파형발생기는 통상 저압 출력을 가지고 있는데, 그 이유는 전원을 공급하기보다는 실험실에서 필요한 일반적인 신호가 필요할 때 주로 사용되기 때문이다. 출력 전압은 수 볼트에서 약 20볼트 정도이다. 신호 발생기는 계측 장비이므로 정밀도와 안정도가 가장 중요하다.

① 기본 사용법

- 아래 부분에 있는 조절단자를 모두 왼쪽 끝까지 돌려놓는다.
- 출력단자에 동축케이블(coxial cable)은 연결한 후, 전원을 켠다.
- 10의 배수로 구분된 주파수선택버튼들 중에서, 발생할 주파수에 알맞은 버튼을 누른다.

- LCD디스플레어에 나타나는 주파수값을, 목표하는 주파수의 값이 되도록 다이얼식 주파수조절기를 돌려가면서 세밀하게 맞춘다.
- Function switch의 구형파, 삼각파, 정현파(= 사인파) 버튼 가운데 하나를 눌러서, 원하는 교류파형을 선택한다.
- 다이얼식 전압조절단자를 돌려서 원하는 전압을 발생시킬 수 있다. 그러나 전압의 값을 알려주는 디스플레어는 없는 것에 주의하라.

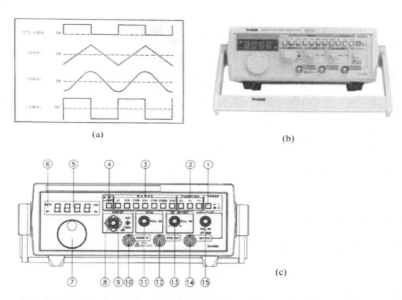

[**그림 4** 함수파형발생기 (a) 함수발생기가 발생하는 교류파형의 예 (b)–(c) 함수발생기의 자세한 각부 명칭 및 사용법은 사용설명서를 참조]

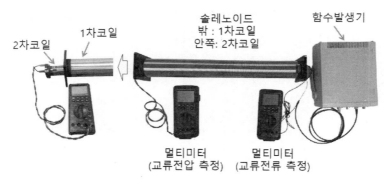

[**그림 5** 유도기전력 실험 장치도]

6. 실험방법

실험소개	Faraday 유도법칙-1	
URL	https://youtu.be/SqE_Qh-ijis	

실험소개	Faraday 유도법칙-2	
URL	https://youtu.be/bbNqhYmPp0k	

⊙ 측정 항목
- 1차 코일의 인가 전류변화(자기장의 변화)에 따른 2차 코일의 유도전압 측정
- 1차 코일의 인가 주파수 변화에 따른 2차 코일의 유도전압 측정
- 2차 코일의 turn수 변화에 따른 2차 코일의 유도전압 측정
- 2차 코일의 단면적의 변화에 따른 2차 코일의 유도전압 측정

① 그림 6과 같이 1차코일, 2차코일, 멀티미터, 함수발생기를 배치한다.
② 함수발생기에서 사인 파형으로 출력 파형을 설정하고, 주파수는 1 kHz 에서 10 kHz 범위 정도에서 공급한다. 단, 디지털 멀티미터를 사용할 경우 주파수에 따라 측정 정밀도가 변화하는데 높은 주파수에서의 측정시 정밀도가 떨어지고, 낮은 주파수에서는 코일이 거의 단락 상태가 되므로 측정이 용이하지 않다.
③ 디지털 멀티미터 1은 1차 코일에 흐르는 교류전류를 측정하고 디지털 멀티미터 2는 2차 코일 양단의 교류전압을 측정한다. 정확한 측정값을 얻기 위해서는 rms 측정 가능한 멀티미터를 사용하여야 한다.

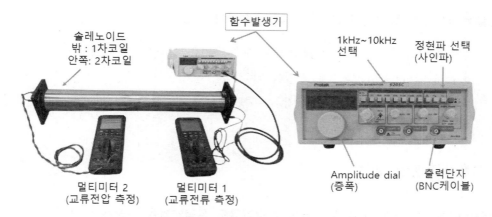

솔레노이드
밖 : 1차코일
안쪽: 2차코일

함수발생기

1kHz~10kHz
선택

정현파 선택
(사인파)

멀티미터 2
(교류전압 측정)

멀티미터 1
(교류전류 측정)

Amplitude dial
(증폭)

출력단자
(BNC케이블)

[그림 6   유도기전력 실험 장치도와 함수발생기]

[실험 01   1차코일 전류변화에 따른 2차 코일의 유도전압 측정]

④ 1차 코일에 흐르는 전류를 변화시켜 코일 내부에서의 자기장의 세기를 변화에 따른
2차 코일의 유도전압을 측정한다. 임의의 2차 코일을 선정하여 코일 안에 넣는다.
단, 큰 값을 얻기 위해서는 많이 감긴 코일을 사용하는 것이 유리하다.

⑤ 주파수는 변화시키지 말고 함수발생기 증폭 volume을 이용하여 1차 코일의 전류를
변화시키고 그때의 전류값과 2차 코일에 유도되는 전압값을 기록한다.

⑥ 계산값과 실험값을 비교한다.

[실험 02   1차 코일의 주파수 변화에 따른 2차 코일의 유도전압 측정]

⑦ 임의의 2차 코일을 1차 코일에 삽입시키고 1차 코일에 인가되는 주파수를 변화시키며
2차 코일에 유도되는 전압을 측정한다.

⑧ 계산값과 실험값을 비교한다.

[실험 03   2차 코일의 turn수 변화에 따른 2차 코일의 유도전압 측정]

⑨ 일정한 전류가 흐르는 1차코일의 주파수를 변화시키면서 turn 수가 다른 (500,
1000, 1500) 내부 지름 40 mm의 코일을 각각 1차코일 안에 삽입하여 turn 수
변화에 따른 2차 코일의 유도전압을 측정한다.

[실험 04 2차 코일의 단면적 변화에 따른 2차 코일의 유도전압 측정]

⑩ 일정한 전류가 흐르는 1차 코일의 주파수를 변화시키면서 단면적이 다른(25, 30, 40 mm) 1000 turn의 2차 코일을 각각 1차 코일 안에 삽입하여 단면적 변화에 따른 2차 코일의 유도전압을 각각 측정한다.

7. 다른 실험방법 구상

[실험구상 01 도체 고리를 이용한 전자기유도 실험방법을 구상해 본다.]

- 그림은 Faraday가 실험했던 모델 중 하나로 도체 고리와 권선수가 다른 1차코일과 2차코일을 이용한 방법이다. 유도기전력이 발생하는 원리를 설명해보자.
- 실험방법을 설명해보고, 어디에 응용할 수 있는지 토론해 보자.

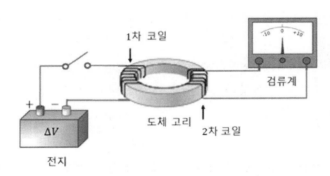

[그림 7 패러데이 실험의 다른 예]

[실험구상 02 전자기유도에 대해 또 다른 실험방법을 구상해 본다.]

- 원리를 설명하고 실험방법을 그림으로 표현해 보자.
- 실험방법을 설명하고 어떻게 전자기유도가 가능한지 토론해 보자.

담당교수 : _____ 교수님

실험일	월 일	제출일	월 일
학번		이름	
( )조 조원이름	• • •		

[실험 01 1차코일 전류변화에 따른 2차 코일의 유도전압 측정]

주파수 $f_1 = 10$ kHz, 코일 2의 감은 수 $N_2 = 500$

코일 2의 반지름 $r_2 = $ _____ m

횟수	전류 i_1(A)	이차전압(V)		오차(%)
		측정값	계산값	
1				
2				
3				
4				
5				

계산 값 : $\overline{\varepsilon_2} = \mu_0 N_2 n_1 \pi r_2^2 \omega \overline{i_1} = \mu_0 N_2 n_1 \pi r_2^2 (2\pi f) \overline{i_1}$

- 그래프 그리기(측정값 : ▲, 계산값 : △로 구분하여 그리시오.)

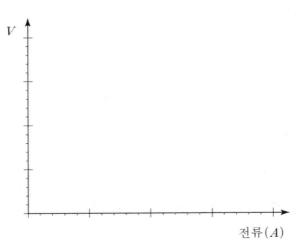

2차 코일의 turn 수 : 500

주파수 $f_1 = 10$ kHz

코일 2의 감은 수 $N_2 = 1000$

코일 2의 반지름 $r_2 = $ _____ m

횟수	전류 i_1(A)	이차전압(V)		오차(%)
		측정값	계산값	
1				
2				
3				
4				
5				

계산 값 : $\overline{\varepsilon_2} = \mu_0 N_2 n_1 \pi r_2^2 \omega \overline{i_1} = \mu_0 N_2 n_1 \pi r_2^2 (2\pi f) \overline{i_1}$

• 그래프 그리기(측정값 : ▲, 계산값 : △로 구분하여 그리시오.)

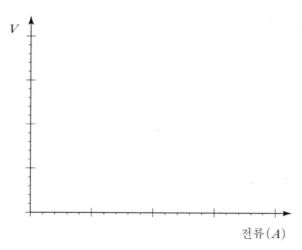

2차 코일의 turn 수 : 1000

주파수 $f_1 =$ 20 kHz

코일 2의 감은 수 $N_2 = 1500$

코일 2의 반지름 $r_2 = $ _____ m

횟수	전류 i_1(A)	이차전압(V)		오차(%)
		측정값	계산값	
1				
2				
3				
4				
5				

계산 값 : $\overline{\varepsilon_2} = \mu_0 N_2 n_1 \pi r_2^2 \omega \overline{i_1} = \mu_0 N_2 n_1 \pi r_2^2 (2\pi f) \overline{i_1}$

• 그래프 그리기(측정값 : ▲, 계산값 : △로 구분하여 그리시오.)

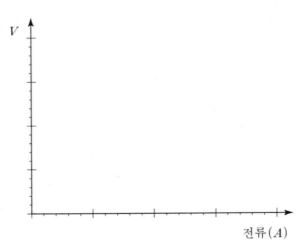

2차 코일의 turn 수 : 1500

[실험 02   1차 코일의 주파수 변화에 따른 2차 코일의 유도전압 측정]

2차 코일 turn 수와 단면적	1차 코일 주파수(10 kHz)									
	2kHz	4kHz	6kHz	8kHz	10kHz	12kHz	14kHz	16kHz	18kHz	20kHz

• 그래프 그리기

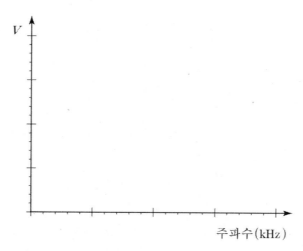

코일의 turn 수 : 임의

[실험 03 2차 코일의 turn수 변화에 따른 2차 코일의 유도전압 측정]

2차 코일 turn 수	1차 코일 주파수(10kHz)									
	2kHz	4kHz	6kHz	8kHz	10kHz	12kHz	14kHz	16kHz	18kHz	20kHz
500										
1000										
1500										

• 그래프 그리기

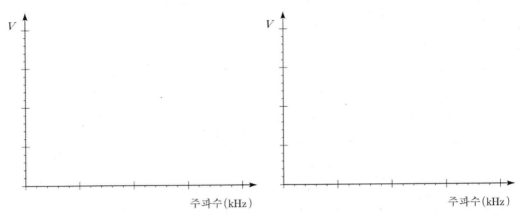

(a) 코일의 turn 수 : 500

(b) 코일의 turn 수 : 1000

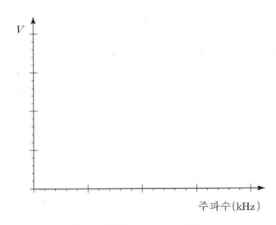

(c) 코일의 turn 수 : 1500

[실험 04 2차 코일의 단면적 변화에 따른 2차 코일의 유도전압 측정]

2차 코일 내부 지름(mm)	1차 코일 주파수(10 kHz)									
	2kHz	4kHz	6kHz	8kHz	10kHz	12kHz	14kHz	16kHz	18kHz	20kHz
25										
30										
40										

• 그래프 그리기

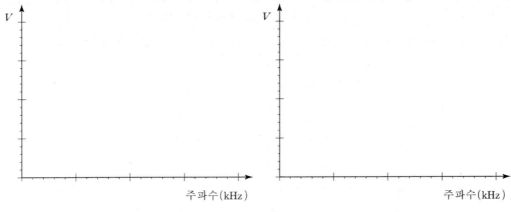

(a) 지름 25 mm　　　　　　　(b) 지름 30 mm

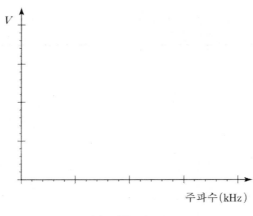

(c) 지름 40 mm

[실험구상 01   전자기유도에 대해 다른 방법으로 실험을 구상해 본다.]

실험 제목 : _____

• 원리 설명

• 실험 장치도(그림으로 표현)	• 실험방법 설명

[실험구상 02 전자기유도에 대해 또 다른 실험방법을 구상해 본다.]

실험 제목 : _____

• 실험 장치도(그림으로 표현)	• 실험방법 설명

〈질문〉

▣ 아래 질문에 답하시오.

답변할 때는 자료를 찾아보고 토론해본 후 스스로 정리해보면 해결해야 할 문제에 대한 이해도가 높아지고 응용력도 향상됩니다.

---

1) 본 실험에서 오차의 원인은 무엇인가?
2) 오차를 줄일 수 있는 아이디어를 생각해보고 방법을 서술하시오.
3) 패러데이 유도 법칙에 대해서 설명하시오.
4) 렌츠의 법칙에 대해서 설명하시오.
5) 한 변의 길이가 20.0 cm인 정사각형으로 되어있고 500회 감긴 코일에 수직방향으로 균일한 자기장이 가해진다. 자기장이 1.50초 동안 1.20 T로 일정하게 변할 때 유도기전력의 크기와 유도전류의 크기를 구하라. 회로의 저항은 2.50 Ω이다.
6) 그림을 참조하여 자제유도에 대해서 설명하시오.

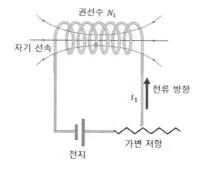

▷ 답변 :

〈실험결과 요약〉

➡ 서론 본론 결론 형식으로 자유롭게 기술하세요.

논문형식의 기술적 글쓰기(Technical Writing)를 통해서 주장하는 내용에 대한 의미전달 능력을 향상시킬 수 있고 창의적 생각 또한 키워나갈 수 있습니다.

실험제목 :

작성자 신원 :

〈서론〉

〈본론〉

〈결론〉

〈참고문헌〉

➡ 영구기관에 대해서 조사해 보고 가능성 여부에 대해서 토론해 보세요.

◆ 카르노 기관(The Carnot Engine)

(Nicolas Léonard Sadi Carnot 1796년~1832년)

- **카르노의 정리(Carnot's theorem):**
  두 에너지 저장체 사이에서 작동하는 어떠한 열기관도 동일한 에너지 저장체 사이에서 작동하는 카르노 기관보다 열효율이 더 높을 수는 없다.

  - 카르노 기관 : 이상기체를 사용하는 가상의 이상적인 기관
  - ✓ 외부로 손실되는 열이 없기 때문에 실제로 존재하는 열기관들에 비해서 열효율이 높다.
  - ✓ 이를 바탕으로 실존하는 열 기관은 모두 카르노 기관보다 열 효율이 좋지 않다.
  - ✓ 이는 '**열효율이 1인 기관은 존재하지 않는다.**'라는 것을 증명하는 방법이 될 수 있다.

[자료: 위키백과]

➡ 밀레토스 학파에 대해서 조사해보고 사상의 발달에 대해서 토론해 보세요.

탈레스, 아낙시만드로스, 아낙시메네스
밀레토스의 자연철학자들

초자연적인 원인을 거부하고
변화 문제에 대해서 최초로 가설적 설명을 시도

임피던스 측정

1. 실험목표

　교류회로에서 리액턴스와 임피던스 개념을 이해하고 회로의 특성을 알아본다. 저항(R), 인덕터(코일, L), 축전기(C)로 구성된 RLC 교류회로를 구성하고 각 소자에 대한 전압과 전류를 측정한다. 회로는 RC, RL, 그리고 RLC로 구분하여 실험을 실행하고, 회로의 전류 및 각 단자에 걸리는 전압을 측정하여 전압과 전류 사이의 위상개념을 이해하고 임피던스와 위상각을 구한다.

2. 학습목표

◆ 학습목표 : 임피던스와 위상각 측정

❖ 아래 내용에 대한 개념을 정리해 보고, 실험을 구상해 보세요.

- 교류전원(AC)과 직류전원(DC)에 대해서 조사해본다.
- 교류 RLC 직렬 회로에서의 저항, 인덕터, 축전기의 특성을 알아본다.
- 리액턴스와 임피던스의 개념을 이해하고 유도해본다.
- 관련 실험을 구상해 본다.

James Clerk Maxwell
June 1831 – 5 November 1879

3. 기본 개념에 대한 이해

◆ 교류 전원

- **교류 전원** : 극성과 크기가 주기적으로 변하는 전원

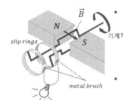

기계적구동

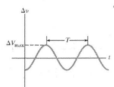

- 교류전압 : $\boxed{v = V\sin\omega t}$

$$i = \frac{v}{R} = \frac{V}{R}\sin\omega t$$

- 교류전류 : $\boxed{i = I\sin\omega t}$

- 교류 전압의 각진동수 : $\omega = 2\pi f = \dfrac{2\pi}{T}$

$$\Delta v = \Delta V_{\max}\sin 2\pi ft$$

순간전압   최대전압   진동수(단위: Hz)

❖ 실험이해
현대 인류의 문명은 전기로부터 시작되었다. 교류발전기와 직류발전기의 원리를 조사해 보고 차이점을 토론해 보자.

Ames Colorado generator
alternating current power plant 1891, WiKi

◆ 교류 *RLC* 직렬 회로의 주요 특성

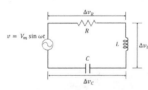

$v = V_m\sin\omega t$

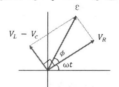

$Z = \sqrt{R^2 + (X_L - X_C)^2}$ $Z = \sqrt{R^2 + \left(\omega_d L - \dfrac{1}{\omega_d C}\right)^2}$: 임피던스 (impedance)

$I = \dfrac{\varepsilon}{\sqrt{R^2 + (X_L - X_C)^2}}$ $I = \dfrac{\varepsilon}{\sqrt{R^2 + \left(\omega_d L - \dfrac{1}{\omega_d C}\right)^2}}$: 전류(current)

$\phi = \tan^{-1}\left(\dfrac{V_L - V_C}{V_R}\right) = \tan^{-1}\left(\dfrac{IX_L - IX_C}{IR}\right)$ $\Rightarrow$ $\phi = \tan^{-1}\left(\dfrac{X_L - X_C}{R}\right)$

: 위상각 (phase angle)

$\omega L = \dfrac{1}{\omega C}$ $\Rightarrow$ $\omega_0 = \dfrac{1}{\sqrt{LC}}$: 공명 진동 (resonance frequency)

❖ 실험이해
Hertz는 LC회로를 이용한 실험 장치로 전자기파를 발생시키고 이를 검출하는데 성공하였다. 현재 우리는 이 전자기파를 무선통신에 이용하고 있다. Hertz의 실험을 알아보고 전파통신에 대해서 토론해 보자.

Hertz's 1887 apparatus
for generating and
detecting radio waves

[Heinrich Rudolf Hertz, 1857~1894, WiKi]

4. 이론 및 원리

4.1 교류회로의 전압과 전류

직렬 RLC 회로에 교류가 인가되고 있을 때 교류전압 v와 교류전류 i를 결정해 보자. 그림 1과 같이 저항 R, 인덕터(유도코일) L, 축전기 C가 직렬로 연결된 회로에서 교류전압 v는

$$v = V \sin \omega t$$

와 같이 표현되고, 회로에 흐르는 교류전류 i는

$$i = I \sin(\omega t + \phi)$$

으로 표현된다. 식에서 V와 I은 각각 교류전압과 교류전류의 최대값이며, t는 시간을 나타낸다. 또한 ω는 각진동수로서 f를 주파수라 할 때 $\omega = 2\pi f$ 의 관계가 있다. 우리나라에서 교류전원의 주파수는 $f = 60\,\mathrm{Hz}$ 이다. 교류회로에서는 직류회로에서와 달리 전압과 전류 사이에는 위상차 ϕ가 있다. 교류회로에서의 위상차는 전압과 전류값이 최대가 되는 시각이 차이가 있다는 의미이다.

교류 RLC 회로 실험에서 구하여야 할 값은

$$Z = \frac{V}{I} = \frac{\varepsilon}{I}$$

으로 정의되는 임피던스 Z와 위상차 ϕ이며, 여기서 임피던스 Z는 직류회로의 저항에 해당한다.

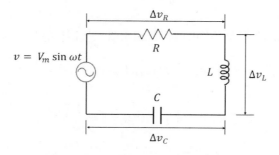

[**그림 1** 교류 RLC 직렬 회로]

4.2 리액턴스(reactance)

교류 RLC 직렬회로에서 리액턴스(reactance)를 유도해 보자. 리액턴스는 직류회로에서 저항과 같은 개념이다. 그림 2와 같은 회로에서 교류전압이 가해질 때 R, L, C에 걸리는 전압을 각각 v_R, v_L, v_C로 나타내면

$$v_R = iR$$

$$v_L = L\frac{di}{dt}$$

$$v_C = \frac{1}{C}\int dq = \frac{1}{C}\int i\,dt$$

로 표현된다. 전류를 위 식들에 대입하면

$$v_R = I\sin(\omega t + \phi)R$$

$$v_L = L\frac{d}{dt}(I\sin(\omega t + \phi))$$

$$v_C = \frac{1}{C}\int I\sin(\omega t + \phi)dt$$

이 되고, 계산하면

$$v_R = RI_R\sin(\omega t + \phi)$$

$$v_L = \omega LI_L\cos(\omega t + \phi)$$

$$v_C = -\frac{1}{\omega C}I_C\cos(\omega t + \phi)$$

이 된다. 전압과 전류의 위상을 비교하기 위하여 전압의 위상을 $\sin$으로 바꾸면

$$v_R = RI_R\sin(\omega t + \phi)$$

$$v_L = \omega LI_L\sin\left(\omega t + \phi + \frac{\pi}{2}\right)$$

$$v_C = -\frac{1}{\omega C}I_C\sin\left(\omega t + \phi - \frac{\pi}{2}\right)$$

이다. 식의 계산에는 삼각함수 $\sin t(\alpha \pm \beta) = \sin\alpha\cos\beta \pm \cos\alpha\sin\beta$ 을 이용하였다. 이 식들을 보면 v_L는 v_R에 비해 90°위상이 빠르고, v_C는 90°위상이 늦음을 알 수 있다. 각항에서 sin함수 앞쪽에 있는 항은 전압진폭을 뜻함으로 V_R, V_L, V_C로 변환하면

$$v_R = V_R \sin(\omega t + \phi)$$

$$v_L = V_L \sin\left(\omega t + \phi + \frac{\pi}{2}\right)$$

$$v_C = V_C \sin\left(\omega t + \phi - \frac{\pi}{2}\right)$$

와 같이 표현된다. 식을 비교하면

$$V_R = I_R R$$

$$V_L = I_L \omega L = I_L X_L$$

$$V_C = I_C \frac{1}{\omega C} = I_C X_C$$

와 같은 결론을 얻을 수 있는데 X_L는 유도형 리액턴스(inductive reactance)라하고, X_C는 용량형 리액턴스(capacitive reactance)라고 한다. 정리하여 다시 쓰면

$$X_L = \omega L = 2\pi f L$$

$$X_C = \frac{1}{\omega C} = \frac{1}{2\pi f C}$$

로 쓸 수 있고, X_L과 X_C는 직류회로에서 저항에 해당되는 값이다.

4.3 임피던스(impedance)

개념이해	교류 RLC 직렬 회로 종합적 고찰	
URL	https://youtu.be/WdSXgAl9SLw	

교류회로에서 총 저항을 뜻하는 임피던스(impedance)를 구해보자. 앞 절의 결과를 이용해보면 인덕터의 전압 V_L은 저항의 전압 V_R보다 위상이 90˚만큼 앞서고 축전기의 전압 V_C는 V_R보다 위상이 90˚만큼 늦었다. 이를 좌표공간에 표현해 보면 그림 2와 같다. 그림에서는 V_R을 1사분면에 기준으로 잡고 인덕터와 축전기의 위상을 그렸다.

임피던스를 정의하기 위해 피타고라스 정리를 적용하면

$$\varepsilon = \sqrt{V_R^2 + (V_L - V_C)^2}$$

이 된다. 위 식은

$$\varepsilon = I\sqrt{R^2 + (X_L - X_C)^2}$$

와 같이 표기할 수 있고, 기전력 ε을 전류 I로 나누어 주면

$$Z = \sqrt{R^2 + (X_L - X_C)^2} = \sqrt{R^2 + \left(\omega L - \frac{1}{\omega C}\right)^2}$$

으로 표현되고, 임피던스의 정의가 된다.

전류 I를 구해보면

$$I = \frac{\varepsilon}{\sqrt{R^2 + (X_L - X_C)^2}} = \frac{\varepsilon}{\sqrt{R^2 + \left(\omega_d L - \frac{1}{\omega_d C}\right)^2}}$$

이 되는데, 유도형 리액터스와 용량형 리액턴스가 같으면, 즉, $\omega L = 1/\omega C$ 에서 진동수의 형태로 기술하면

$$\omega = \sqrt{\frac{1}{LC}}$$

가 되는 데 이 조건을 만족하는 진동수를 공명 진동수(resonance frequency)라고 한다. 이 조건을 만족할 때 회로에는 최대전류가 흐른다.

또한 전류와 전압의 위상차 ϕ는

$$\phi = \tan^{-1}\left(\frac{V_L - V_C}{V_R}\right) = \tan^{-1}\left(\frac{IX_L - IX_C}{IR}\right)$$

이 되어

$$\phi = \tan^{-1}\left(\frac{X_L - X_C}{R}\right)$$

으로 표현된다.

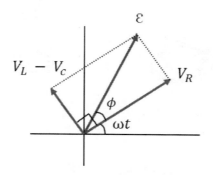

[**그림 2** 전압간의 위상관계]

5. 실험장비

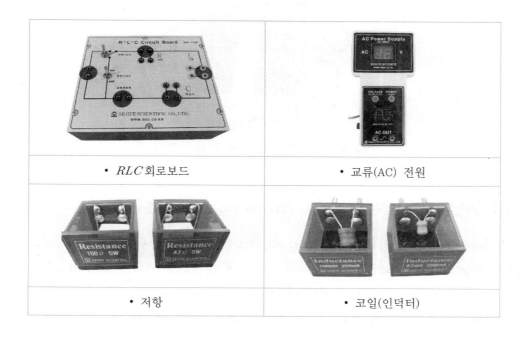

• RLC 회로보드	• 교류(AC) 전원
• 저항	• 코일(인덕터)

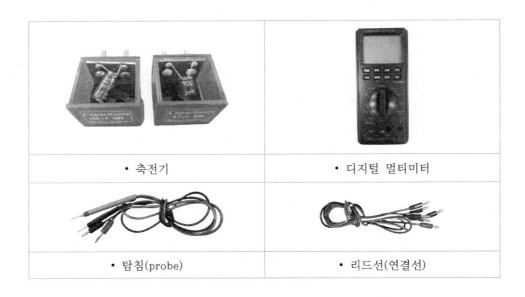

• 축전기	• 디지털 멀티미터
• 탐침(probe)	• 리드선(연결선)

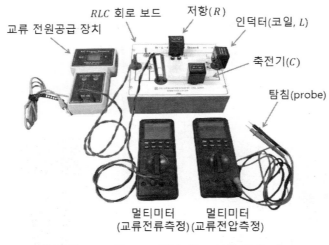

[**그림 3** 교류 RLC 직렬 회로 실험 장치도]

5.1 사인파형 교류전원(Sinusoidal Alternating Current Sources)

전하가 흐르는 것을 전류(electric current)라고 하는데, 회로 내에서 이동 방향이 일정한 직류(direct current, DC)와 주기적으로 반대 방향으로 변하는 교류(alternative current, AC)가 있다. 예를 들어 보면 전지(battery)는 직류전원(DC power supply)이고, 전기회사가 송전선을 통해 콘센트로 공급하는 가정용 전기는 교류전원이다. 직류와 달리 교류전원은 전류의 방향뿐만 아니라 수시로 크기 또한 변하기 때문에 전류든 전압이든 그 크기를 나타낼 때는 한 주기 동안의 순간 크기를 평균화한 대푯값으로 정해야 한다. 편의상, 여기서는 전압만을 다룬다.

그림 3은 사인파형 교류전압의 파형이다. 사인파형 또는 더 일반적으로 말해서 삼각함수의 특성은 다음과 같이 진폭(amplitude, V_p)과 주기(period, T) 및 위상(phase, ϕ)으로 결정된다.

$$V(t) = V_p \sin\left(\frac{2\pi}{T}t + \phi\right) = V_p \sin(2\pi f t + \phi) = V_p \sin(\omega t + \phi)$$

여기서 진폭 V_p는 전압의 최대값(peak value)이고, 주기 $T = 1/f = 2\pi/\omega$는 회로 내의 한 점에서 최대전압이 반복되는 동안의 소요시간으로, 진동수 f와 각진동수 ω로 표현된다. 위상은 전압의 기준전압이 되는 최솟값 즉, 0 V가 처음 시작하는 시간을 말한다. 사인파형의 교류전압의 대푯값은, 최댓값의 64%인 반(1/2)주기 동안의 평균값 $V_{avg} = 0.64\,V_p$이 아닌, 최댓값의 71%인 rms 값을 사용 한다. 이 값을 실효값이라고 하고

$$V_{rms} = \frac{V_p}{\sqrt{2}} = 0.71\,V_p$$

와 같이 정의된다. 따라서 가정용 교류전원의 전압 220 V는 rms 값을 의미하며, 파형은 진폭이 $V_p = 310$ V 이고 주파수 $f = 60$ Hz 인 사인파이다.

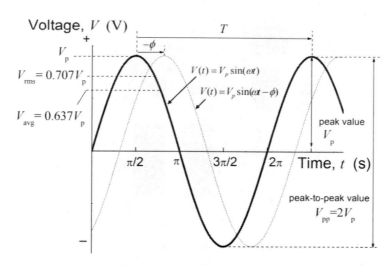

[**그림 4** 사인파형 교류전압]

6. 실험방법

[실험 01 RC 회로]

① 그림 5과 같이 장치를 설치한다.

② RLC 회로상자에 저항과 축전기를 연결하고 인덕터 단자에 리드선을 연결하여 RC 회로를 구성한다.

③ 이때의 저항 및 축전기 용량을 기록한다.

④ 전류계를 연결하고 교류전원공급 장치를 3V에 맞춘다.

⑤ 이때의 전압 V_{total}와 전류 I_{total}을 측정하여 전압과 전류를 기록한다.

⑥ 전압계를 저항 R 양단에 연결하여 저항 R에 걸리는 전압 V_R을 측정하여 기록한다.

⑦ 같은 방법으로 축전기 C 양단에 걸리는 전압 V_C을 측정하여 기록한다.

⑧ 교류전원공급 장치를 6V, 9V, 12V로 변경하며 과정을 반복한다.

⑨ 위의 DATA로부터 $V_{total} : I_{total}$, $V_R : I_{total}$, $V_C : I_{total}$의 그래프를 그린다.

⑩ 위의 그래프의 기울기로부터 임피던스 Z, 저항 R 및 축전기 C값을 구한다.

⑪ 또 $V_{total}^2 = V_R^2 + V_C^2$과 임피던스 $Z = \sqrt{R^2 + \left(\dfrac{1}{\omega C}\right)^2}$ 이 되는가를 확인하고 위상각 ϕ을 구하여 R과 C에 걸리는 전압의 위상차를 구한다. 전압 간의 위상 관계를 그리고,

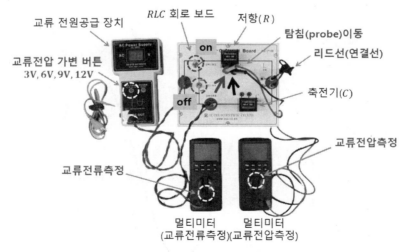

[**그림 5** RC 회로 실험 장치도]

저항 R, 용량 리액턴스 $X_C = \dfrac{1}{2\pi f C}$, 또 임피던스 Z의 관계를 알아본다.

⑫ 저항값과 축전기값을 변화시키면서 위 실험을 반복한다.

[실험 02 RL 회로]

① 그림 6와 같이 RLC 회로상자에 저항과 인덕터를 연결하고 축전기 단자에 리드선을 연결하여 RL 회로를 구성한다.

② RC 회로 실험에서와 같은 방법으로 실험한다. 3 V의 교류전압에서 시작한다.

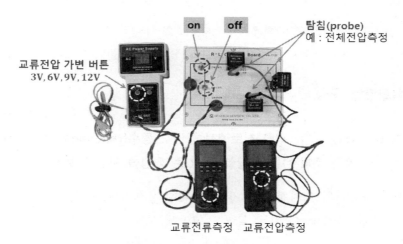

[그림 6 RL 회로 실험 장치도]

[실험 03 RLC 회로]

① 그림 7과 같이 RLC 회로상자에 저항, 코일, 축전기를 연결하여 RLC 회로를 구성한다.

② RC 회로 실험에서와 같은 방법으로 실험한다. 3 V의 AC 전압에서 시작한다.

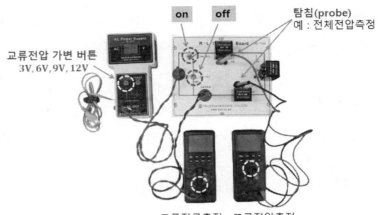

교류전압 가변 버튼
3V, 6V, 9V, 12V

on   off

탐침(probe)
예 : 전체전압측정

교류전류측정   교류전압측정

[그림 7 RLC 회로 실험 장치도]

7. 다른 실험방법 구상

[실험구상 01   교류 RLC 직렬 회로에서 공명 진동수(resonance frequency, 공진 주파수)를 측정할 수 있는 실험을 구상해 보자.]

• 인덕터와 축전기의 에너지 저장 방법에 대해서 생각해 보자.
• 공명진동수를 측정할 수 있는 실험을 고안해 보자.

[그림 8   인덕터와 축전기]

담당교수 : _____ 교수님

실험일	월 일	제출일	월 일
학번		이름	
( )조 조원이름	• • •		

[실험 01 RC 회로 (저항 : Ω, 축전기 : μF)]

AC (V)	교류전류(측정값)		교류전압(측정값)		저항전압(측정값)		축전기전압(측정값)	
	I_{total}(mA)	평균	V_{total}	평균	V_R	평균	V_C	평균
3								
6								
9								
12								

• 그래프 그리기

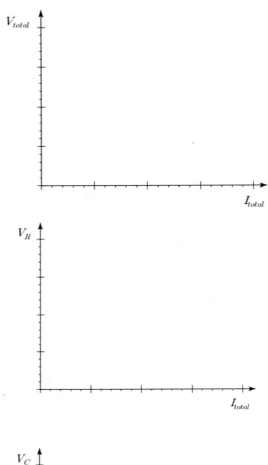

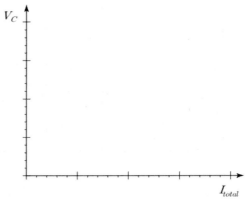

1) 임피던스 Z, 저항 R 및 축전기 C값을 구하라.

  • $Z = V_t / I =$
  • $R = V_R / I =$
  • $C = (\omega V_C / I)^{-1} =$

2) $V_{total}^{\,2} = V_R^2 + V_C^2$ 와 임피던스 $Z = \sqrt{R^2 + \left(\dfrac{1}{\omega C}\right)^2}$ 값을 구하고, 위상각 ϕ를 구하여
   R과 C에 걸리는 전압의 위상차를 구하라.

  • $V_t^2 = V_R^2 + V_C^2 =$
  • $Z = \sqrt{R^2 + \left(\dfrac{1}{\omega C}\right)^2} =$
  • $\phi_1 = \tan^{-1}(V_c / V_R) =$
  • R과 C에 걸리는 전압의 위상차 $=$

3) 저항 R과 축전기 C 사이의 전압 간의 위상 관계를 아래 좌표에 phasor로 그려라.
   (※ phasor: 전압·전류 따위의 진폭과 위상에 대응하는 벡터)

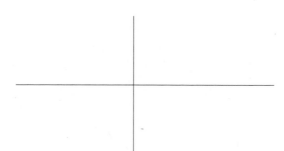

[**실험 02** *RL* **회로**(**저항** :   Ω , **인덕터** :   mH)]

AC (V)	교류전류(측정값)		교류전압(측정값)		저항전압(측정값)		인덕터전압(측정값)	
	I_{total}(mA)	평균	V_{total}	평균	V_R	평균	V_L	평균
3								
6								
9								
12								

• 그래프 그리기

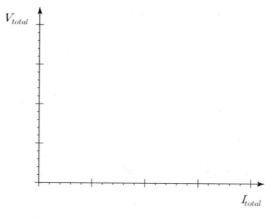

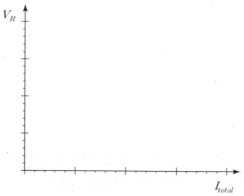

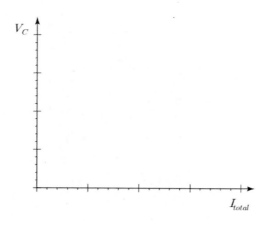

1) 임피던스 Z, 저항 R 및 인덕터 L값을 구하라. $\omega = 2\pi f$이고, $f = 60\,\text{Hz}$이다.

- $Z = V_t/I =$
- $R = (V_R/I) =$
- $L = V_L/\omega I =$

2) $V_{total}^2 = V_R^2 + V_L^2$ 와 임피던스 $Z = \sqrt{R^2 + (\omega L)^2}$ 값을 구하고, 위상각 ϕ를 구하여 R과 C에 걸리는 전압의 위상차를 구하라.

- $V_t^2 = V_R^2 + V_L^2 =$
- $Z = \sqrt{R^2 + (\omega L)^2} =$
- $\phi_2 = \tan^{-1}(V_L/V_R) =$
- R과 L에 걸리는 전압의 위상차 =

3) 저항 R과 인덕터 L 사이의 전압 간의 위상 관계를 아래 좌표에 phasor로 그려라. (※ phasor: 전압·전류 따위의 진폭과 위상에 대응하는 벡터)

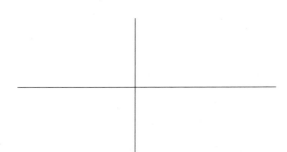

[**실험 03** *RLC* **회로(저항 :**   Ω**, 인덕터 :**   mH**, 축전기 :**   μF**)]**

AC (V)	교류전류 (측정값)		교류전압 (측정값)		저항전압 (측정값)		인덕터전압 (측정값)		축전기전압 (측정값)	
	I_{total} (mA)	평균	V_{total}	평균	V_R	평균	V_L	평균	V_C	
3										
6										
9										
12										

• 그래프 그리기

    아래 한 장의 그래프에 I의 증가에 따른 V_t, V_R, V_L 및 V_C의 변화를 그리시오.

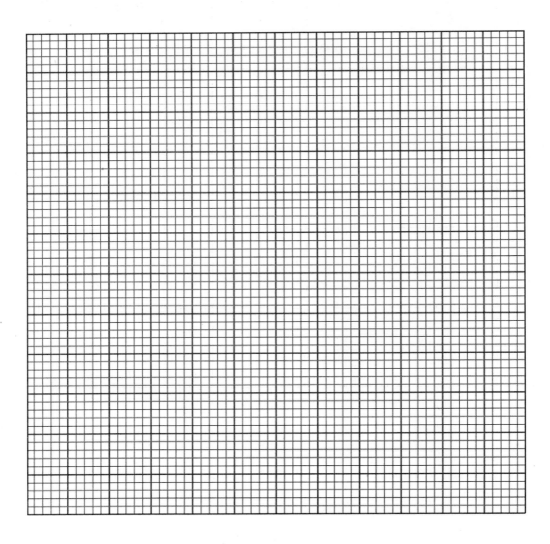

1) 임피던스 Z, 저항 R, 인덕터 L, 축전기 C값을 구하라.

- $Z = V_t/I =$
- $R = V_R/I=$
- $L = V_L/\omega I =$
- $C = (\omega V_C/I)^{-1} =$

2) $V_t^2 = V_R^2 + (V_L - V_C)^2$ 와 임피던스 $Z = \sqrt{R^2 + (\omega L)^2}$ 값을 구하고, 위상각 ϕ를 구하여 R과 C, R과 L에 걸리는 전압의 위상차를 구하라.

- $V_t^2 = V_R^2 + (V_L - V_C)^2 =$
- $Z = \sqrt{R^2 + \left(\omega L - \dfrac{1}{\omega C}\right)^2} =$
- $\phi_3 = \tan^{-1}\left(\dfrac{V_L - V_C}{V_R}\right) =$

$$\phi = \tan^{-1}\left(\dfrac{\omega L - \dfrac{1}{\omega C}}{R}\right) =$$

- R과 L, R과 C의 전압 위상차는 각각 얼마인가?

3) 저항 R과 인덕터 L 그리고 축전기 C 전압 간의 위상 관계를 아래 좌표에 phasor로 그려라. (※phasor: 전압·전류 따위의 진폭과 위상에 대응하는 벡터)

[실험구상 01 교류 RLC 직렬 회로에서 공명 진동수(resonance frequency, 공진 주파수)를 측정할 수 있는 실험을 구상해 보자.]

실험 제목 : _____

• 인덕터와 축전기의 에너지 저장 방법 설명	• 공명 진동수 측정 실험방법 설명

◘ 아래 질문에 답하시오.

답변할 때는 자료를 찾아보고 토론해본 후 스스로 정리해보면 해결해야 할 문제에 대한
이해도가 높아지고 응용력도 향상됩니다.

1) 본 실험에서 오차의 원인은 무엇인가?
2) 오차를 줄일 수 있는 아이디어를 생각해보고 방법을 서술하시오.
3) 교류회로에서 저항, 인덕터, 그리고 축전기에 흐르는 전류와 전압과의 위상관계를 그려보고
   설명하시오.
4) 유도형 리액턴스, 용량형 리액턴스 그리고 임피던스에 대해서 조사해보고 설명하시오.
5) RLC 회로에 저항 $40.0\,\Omega$, 인덕터 $50.0\,\mathrm{mH}$, 축전기 $0.250\,\mu\mathrm{F}$ 가 직렬로 $0.250\,\mathrm{V}$ 의 교류전원에
   연결되어 있다. 유도형 리액턴스, 용량형 리액턴스, 임피던스, 그리고 전류진폭을 구하라.
   각진동수는 $2.50 \times 10^4\,\mathrm{rad/s}$ 이다.
6) 전압과 전류의 실효값(rms)에 대해서 설명하시오.

▷ 답변 :

〈실험결과 요약〉

▶ 서론 본론 결론 형식으로 자유롭게 기술하세요.

논문형식의 기술적 글쓰기(Technical Writing)를 통해서 주장하는 내용에 대한 의미전달 능력을 향상시킬 수 있고 창의적 생각 또한 키워나갈 수 있습니다.

실험제목 :
작성자 신원 :

〈서론〉

〈본론〉

〈결론〉

〈참고문헌〉

▶ 어떻게 관측했을까? 현재 우리는 '우리은하((The Milky Way Galaxy)'의 모습과 거대 블랙홀의 존재, 안드로메다의 크기와 구조 그리고 우리은하와의 미래의 충돌을 예측할 수 있습니다. 어떻게 이런 사실들을 알아낼 수 있었는지 생각해 보고, 우주규모에서 우리의 존재와 존재이유에 대해서 생각해 보세요.

◆ 우리은하(Milky Way) 의 구조에 대한 이해

- 태양계가 속해 있는 은하
- 우리은하는 막대나선은하에 속함(2005년 확인사항)
- 약 2000억 (2×10¹¹) 개의 별이 있음
- 은하 중심에 거대 질량 블랙홀이 존재할 것으로 추정

⬇

- 궁수자리 A*가 이 거대 블랙홀의 유력한 후보
  → 태양 질량의 약 400만 배

- Sagittarius A*

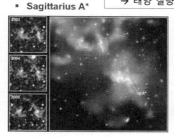

⬇

- 이 블랙홀의 근처에 태양의 **1300 배**에 해당하는 중간 질량 **블랙홀 이 더 존재** (2002년 사이언스 발표논문)

⬇

- **약 10억 년** → 젊은 다른 은하 와 충돌, 합병하여 현재의 크기 가 되었음

- The Milky Way Galaxy

- 지름 : 약 10만 광년
- 중심핵은 직경 : 약 10,000 광년
- 두께는 약 15,000광년이며,
- 질량 : 태양 질량보다
  → 약 6천억(6×10¹¹)배

Author : 9 August 2020
Pablo Carlos Budassi

◆ 우리은하와 이웃한 은하 안드로메다(M31)

- Andromeda Galaxy(M31)
- 우리 은하를 포함해서 **약 20~30여 개의 은하가 가까이 모여** 있는데
  → 이를 국부 은하군(지름 5백만 광년)라고 함.

Author :
9 July 2019, David
(Deddy) Dayag

17 February 2010
NASA's Wide-field
Infrared Survey
Explorer

❖ 안드로메다 은하(M31)
- 지구로부터 약 250만 광년 거리
- 2000~4000억 개의 별,
- 국부 은하군에서 안드로메다 은하와 우리은하가 질량의 대부 분을 차지하여 서로 **중력적으로 영향**을 미쳐 공전하고 있음

➢ 현재 두 은하는 **서로 간의 중력의 영향**으로 점점 가까워지고 있으며
  → 향후 24억년 후 충돌하여
  → 30억년 후에는 결국 하나의 초거대 타원은하로 새로 태어날 것으로 예상

'Isaac Robert'가 1899년에 촬영

PART III

광학

반사와 굴절각 측정 그리고 내부전반사

1. 실험목표

빛의 특성인 직진성과 반사의 법칙과 굴절의 법칙(or Snell's Law)을 이해하고 실험으로 확인해 보다. 빛이 굴절률이 큰 매질에서 작은 매질로 진행할 때는 굴절각이 입사각보다 크게 되는데 스넬의 법칙으로부터 유도할 수 있다. 시험적으로 입사각을 증가시키다 보면 굴절광선이 경계면을 따라 진행하게 되는 각도를 찾을 수 있는데 이때의 입사각을 임계각이라고 한다. 입사각이 임계각보다 크게 되면 굴절된 빛은 없고 모두 반사하게 되는데 임계각을 찾아보고 이론과 비교해 본다.

2. 학습목표

◆ 학습목표 : 반사와 굴절 그리고 내부전반사

❖ 아래 내용에 대한 개념을 정리해
   보고, 실험을 구상해 보세요.

- 전자기파와 가시광선에 대해서 조사해 본다.
- 빛의 속력측정에 대해서 조사해 보고 실험을
  구상해 본다.
- 빛의 입자성과 파동성에 대해서 토론해 본다.
- 반사와 굴절의 법칙을 조사해 보고 실험적으로
  논해 본다.
- Huygens의 원리를 이용하여 반사와 굴절을
  법칙을 증명해 본다.
- 내부 전반사를 이해하고 응용성을 토론해 본다.
- 관련 실험을 구상해 본다.

Christiaan Huygens
14 April 1629 - 8 July 1695

3. 기본 개념에 대한 이해

◆ 전자기파와 가시광선

| Maxwell의 무지개 |

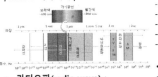

- **라디오파(radio wave)** :
  - 파장(λ) : 0.1m ~ 10^4m
  - 1888년 헤르츠가 발견
  - 라디오와 텔레비전 통신에 사용

- **마이크로파(microwave)** :
  - 파장(λ) : 0.3m ~ 10^{-4}m
  - 레이더, 전자레인지 등

- **적외선(infrared wave)** :
  - 파장(λ) : 10^{-3}m ~ 10^{-8}m
  - 물리 치료, 적외선 촬영 등

- **가시광선(visible light)** :
  - 파장(λ) : 7×10^{-7}m ~ 4×10^{-7}m
  - 사람이 인식할 수 있는 파장

- **자외선(ultraviolet wave)** :
  - 파장(λ) : 4×10^{-7}m ~ 4×10^{-10}m
  - 피부 그을림의 원인, 소독 등에 사용
  - 비타민 D 흡수하게 해주는 요인
  - 생체조직을 파괴 시킬 수 있음
  - 대부분은 성층권에 존재하는 오존 분자들에 흡수됨

- **X-선(X-ray)** :
  - 파장(λ) : 10^{-8}m ~ 10^{-12}m
  - 의료 분야의 진단용 도구나 암 치료에 사용
  - 결정 구조 연구, 비파괴 검사 등에도 사용

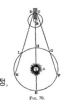

뢴트겐, 1895년 발견

- **감마선(gamma ray)** :
  - 파장(λ) : 10^{-10}m ~ 10^{-14}m
  - 방사선 핵의 핵 반응 중에 발생
  - 우주에서 지구의 대기권으로 들어오는 우주선의 성분 중 하나
  - 투과성이 높으며 파장이 짧기 때문에 유전자 구조에 영향을 미침
  - 우주탐사에 응용 : 감마선 망원경

❖ 실험구상

빛은 얼마나 빠를까? 빛의 속력을 측정할 수 있는 실험을 조사해보고 실험을 구상해 보자.

[Ole Roemer의 빛 속력 측정, 1676, 출처:위키백과]

◆ 빛의 본성

- **빛의 입자론 : Newton** : 반사와 굴절의 법칙 등, 빛의 본질에 관하여 알려진 실험적 사실들을 입자론을 근거로 설명

- **빛의 파동론** :
  - **Huygens** : 빛의 반사와 굴절 법칙을 파동론으로도 설명할 수 있음을 보임
  - **Young** : 빛의 파동적 본질(간섭 현상)을 처음으로 증명.
  - **Maxwell** : 빛은 높은 진동수를 가진 전자기파의 한 형태로 봄
  - **Hertz** : 전자기파 발생 시험

- **빛의 이중성 : Einstein** : 광양자(포톤) 이론으로 광전효과 설명
  $$E = hf$$

- **빛의 이중적 성질** : 빛은 경우에 따라 파동처럼 행동하기도 하고 다른 경우에는 입자처럼 움직이기도 한다.

❖ 심화학습

Huygens의 원리를 이해하고, 반사의 법칙과 굴절의 법칙을 증명해 보자. 파면에 따른 기하학적 구조를 그려보고 이해해 보자.

[Huygens의 원리]

4. 이론 및 원리

개념이해	광학 기초
URL	https://youtu.be/NrOvKTxcUPU

4.1 반사의 법칙

개념이해	하위헌스 원리와 반사와 굴절의 법칙/내부전반사
URL	https://youtu.be/l8mjbCym6qs

빛의 전자기파의 일부분으로 우리의 눈에는 무지개 색깔로 인지된다. 이를 가시광선이라고 한다. 우리가 어떤 현상을 이해하고자 할 때는 관측대상을 가장 단순한 형태로 만들어 관찰하는 것이 최상일 것이다. 본 실험에서는 백색광선이 평면거울에 반사되는 빛의 각도를 측정하여 반사의 법칙을 확인해 볼 것이다.

그림 1은 광선이 거울면을 만날 때의 경로를 기하광학적으로 표현한 것이다. 입사한 광선의 일부는 반사되어 나간다. 즉 유리면에서부터 튀어나오듯이 멀어져간다. 광선이 경계면에 수직으로 입사한 경우를 제외하고는 모든 경계면에서 광선의 진행방향은 항상 바뀐다.

이런 각도들은 경계면에 수직인 방향과 광선 사이의 각도로 정의된다. 법선이라고 부르는 경계면에 수직인 벡터와 입사광선으로 정의된 평면을 입사면이라고 부른다. 그림에서는

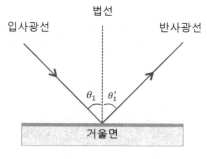

[**그림 1** 반사의 법칙]

종이면이 바로 입사면이다. 반사광선은 입사면 안에 놓여 있으며 다음의 관계식을 만족하고

$$\theta_1 = \theta^{'}{}_1$$

이를 반사의 법칙(law of reflection)이라고 한다.

4.2 굴절의 법칙

그림 2는 입사면 위에 입사광 반사광 굴절광선을 기하광학적으로 표시한 것이다. 각각의 광선들은 파면에 수직하게 그린 직선으로 표시되고 화살표는 파동의 진행방향을 나타내고 있다. 광선과 법선이 이루는 각도는 입사각은 θ_1, 반사각은 $\theta^{'}_1$ 그리고 굴절각은 θ_2로 정의하였다.

굴절률이 다른 물질로 이루어진 경계면에 부딪친 빛살은 광선의 방향이 바뀌게 된다. 예를 들어 빛이 공기와 물 또는 유리와 물의 경계를 지날 때에도 방향이 바뀌게 되는데 이러한 빛의 경로의 변화를 굴절이라고 한다. 굴절하는 빛의 성질은

$$n_1 \sin\theta_1 = n_2 \sin\theta_2$$

으로 표현되고, 굴절의 법칙(law of refraction) 또는 스넬의 법칙(Snell's law)이라고 한다. 식에서 상수 n_1과 n_2는 굴절률을 뜻하는데 빛이 통과하는 매질에 따라 달라진다. 각도 θ_1과 θ_2는 두 매질 사이의 경계에 대하여 수직인 법선에 대한 광선의 각도이다.

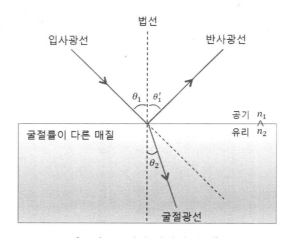

[그림 2 빛의 반사와 굴절]

4.3 굴절률

굴절률(refractive index)의 정의는 진공 속에서의 빛의 속력을 매질 속에서의 속력으로 나눈 값으로 정의되고, 수식으로 표현하면

$$n = \frac{c}{v}$$

이다. 이는 빛이 매질 속으로 진행할 때 속력이 줄어드는 비율을 의미하게 된다. 그러므로 굴절률은 항상 1보다 큰 값을 갖게 된다. 예를 들어 진공에서의 굴절률이 1.0으로 정의되어 있으므로, 표 1에서 보듯이 어떤 물질도 1보다 작은 굴절률을 갖지는 못하기 때문에 굴절률은 항상 1보다 큰 값으로 나타나게 된다. 물리적으로 보면 진공 중에서 빛의 속도가 최대이기 때문이다. 또한 진공을 제외한 모든 매질에서 굴절률은 입사광선의 파장에 따라서도 변한다.

따라서 백색광원과 같이 여러 파장이 합성된 빛의 경우, 경계면에서 굴절에 의해 각각의 파장성분이 분리되어 다른 방향을 향하게 된다. 일반적으로 임의 매질에 대한 굴절률은 짧은 파장에 대해서 크고 긴 파장에 대해서 작다. 이는 백색광이 경계면에서 굴절한다면 보라색 빛이 가장 크게 꺾이고 빨간색 빛이 가장 작게 꺾이며, 파장에 따라 중간색 빛들이

[표 1 여러 가지 물질의 굴절률]

물질의 상태	물질	굴절률
고체	얼음	1.309
	폴리스티렌	1.49
	크라운유리	1.517
	판유리	1.523
	지르콘	1.923
	다이아몬드	2.419
액체	물	1.333
	에틸알코올	1.361
	벤젠	1.501
기체(1기압, 0 °C)	헬륨	1.000036
	건조한 공기	1.000293
	이산화탄소	1.000449

사이를 배열됨을 뜻한다. 이런 현상을 색분산이라고 하고, 프리즘에서 색분산을 생각해 보면 쉽게 이해할 수 있다.

4.4 내부전반사

개념이해	내부전반사
URL	https://youtu.be/HHX_B7Rb-nA

그림 3과 같이 물속에 있는 점광원으로부터 나온 광선이 물과 공기의 경계면에 입사하고 있다. 이후 광선을 추적해 보면 광선 ①은 경계면에 수직으로 입사하여 일부는 반사하고 나머지는 경로의 변화 없이 진행해 나간다. 광선 ②에서는 입사각이 커지며 일부는 반사되고 일부는 굴절되어 나간다. 그리고 입사각이 커짐에 따라 굴절각도 커지게 되어, 광선 ③에서는 굴절각이 90°가 된다. 이는 굴절광이 경계면을 따라 진행함을 뜻한다. 이런 상황이 일어날 때의 입사각을 임계각 θ_c라고 부른다. 광선 ④와 같이 입사각이 θ_c보다 큰 경우에는 굴절광은 없고 모든 광선은 반사된다. 이런 현상을 내부전반사(total internal reflection)라고 한다.

임계각을 정의하기 위해 굴절의 법칙에 적용해 보자. 물을 매질 1로 하고 공기를 매질 2로 하여, θ_1에 θ_c를, θ_2에 90°를 대입하면

$$n_1 \sin \theta_c = n_2 \sin 90°$$

와 같이 표현되고, 식을 정리하면

$$\theta_c = \sin^{-1}\left(\frac{n_2}{n_1}\right)$$

와 같이 임계각을 정의할 수 있다. 어떤 각도의 사인함수 값도 1을 초과할 수 없으므로 이 식이 해를 가지려면 $n_1 > n_2$이어야 한다. 이는 빛이 굴절률이 낮은 매질로부터 높은 매질로 진행할 때는 전반사가 일어날 수 없음을 의미한다. 그림에서 점광원이 공기 중에 있었다면 공기와 물의 경계면에서는 항상 빛의 일부는 반사되고 일부는 굴절하게 된다. 그러므로 내부전반사가 일어나려면 광선은 굴절률 큰 쪽에서 굴절률이 작은 쪽으로 입사해

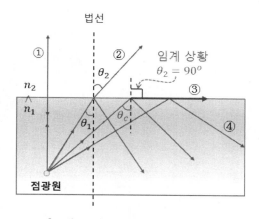

법선

① ② 임계 상황
$\theta_2 = 90^o$

n_2
n_1
θ_2
θ_1 θ_c
③
④

점광원

[**그림 3** 임계각과 내부 전반사]

야 한다. 내부전반사는 내시경(endoscope)과 광섬유(optical fiber) 등 의학과 광통신에 응용성이 매주 크다.

5. 실험장비

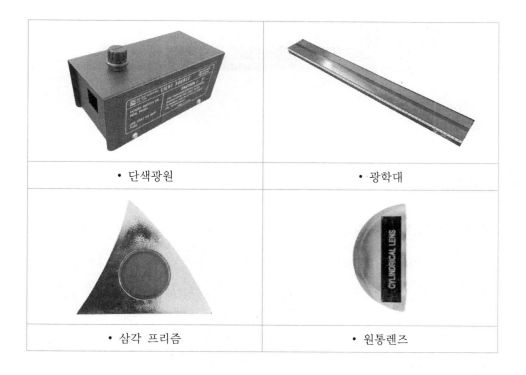

• 단색광원	• 광학대
• 삼각 프리즘	• 원통렌즈

• 회전판	• 회전판 받침대
• 슬릿 마스크	• 부품 지지대

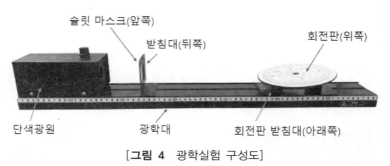

슬릿 마스크(앞쪽)
받침대(뒤쪽)
회전판(위쪽)
단색광원
광학대
회전판 받침대(아래쪽)

[그림 4 광학실험 구성도]

6. 실험방법

[실험 01 빛의 반사각 측정]

① 그림 5와 같이 실험 장치를 꾸미고 슬릿을 이용해 광원으로부터 나오는 빛의 폭을
줄여 사용한다. 프리즘 반사면에 입사되는 광선과 반사되는 광선을 일치시킨다.
그리고는 회전판을 조금씩 돌려가면서 실험을 한다.

② 프리즘을 움직이지 말고 광선 테이블을 한쪽 방향으로 10°씩 돌려가며 입사각과
반사각을 기록한다.

[그림 5 반사의 법칙]

④ 광선 테이블을 반대 방향으로 10°씩 돌려가며 입사각과 반사각을 기록한다.
⑤ 위 실험을 3회 반복한다.

[실험 02 빛의 굴절각 측정]

① 그림 6과 같이 실험 장치를 꾸미고 광원을 켠 후, 반사광은 무시하고 굴절되어 나가는 광만을 관찰한다. 반원통형 렌즈의 평면에 입사되는 광선과 투과되는 광선이 일직선을 이루는지 확인한다.
② 반원통형 렌즈를 움직이지 말고 광선 테이블을 한쪽 방향으로 10°씩 돌려가며 입사각과 굴절각을 기록한다.
③ 광선 테이블을 반대 방향으로 10°씩 돌려가며 입사각과 굴절각을 기록한다.
④ 위 실험을 3회 반복한다.

[그림 6 반사와 굴절의 법칙]

[실험 03 빛의 임계각 측정]

① 그림 7과 같이 광선 테이블을 180° 회전시켜 반원통형 렌즈의 곡면 쪽으로 빛을 입사 시킨다(입사 광선과 투과 광선이 일직선을 이루도록 맞춘다. 프리즘 내부를

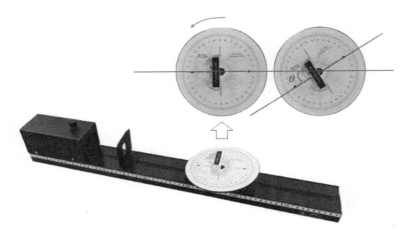

[**그림 7**   내부전반사]

지나는 광선을 입사빔으로 보아야 하는 단점을 염두에 두어야 한다).

② 새로 정의된 입사각으로 광선 테이블을 임의의 각도로 돌려가며 반사각과 굴절각을 측정하고 임계각을 찾아 표에 기록한다.

③ 위 과정을 3회 반복한다.

7. 다른 실험방법 구상

[실험구상 01   편광실험]

- 빛에는 편광이라는 특성이 있다. 편광의 종류와 특성에 대해서 조사해 본다.
- 편광을 측정할 수 있는 실험을 구상해 보자.

[실험구상 02   브루스터(Brewster) 각]

- 브루스터 각에 대해서 이론적 내용을 정리해 본다.
- 부루스터 각을 측정할 수 있는 실험방법을 구상해 본다.

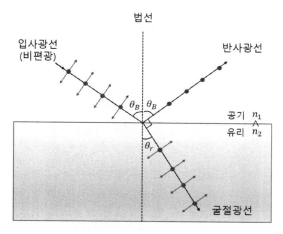

[**그림 8** 브루스터 각]

실험 11 반사와 굴절각 측정 그리고 내부전반사

담당교수 : _____ 교수님

실험일	월	일	제출일	월	일
학번			이름		
( )조 조원이름	• • •				

[실험 01 빛의 반사각 측정]

입사각 (θ)	반사각(θ)					
	1		2		3	
	$+\theta$	$-\theta$	$+\theta$	$-\theta$	$+\theta$	$-\theta$
0						
10						
20						
30						
40						
50						
60						
70						
80						

[실험 02 빛의 굴절각 측정]

입사각 (θ)	굴절각(θ)						$n=\dfrac{\sin\theta_1}{\sin\theta_2}$
	1		2		3		
	$+\theta$	$-\theta$	$+\theta$	$-\theta$	$+\theta$	$-\theta$	
0							
10							
20							
30							
40							
50							
60							
70							
80							
평균							

[실험 03 빛의 임계각 측정]

입사각 (θ)	반사각(θ)			굴절각(θ)			임계각 θ_c(측정값)		
	1	2	3	1	2	3	1	2	3
평균									

[실험구상 01 편광실험]

실험 제목 : _____

• 편광의 종류와 특성 조사	
• 실험 장치도(그림으로 표현)	• 실험방법 설명

[실험구상 02 브루스터(Brewster) 각]

실험 제목 : _____

• 브루스터 법칙이란?

• 실험 장치도(그림으로 표현)	• 실험방법 설명

➡ 아래 질문에 답하시오.

답변할 때는 자료를 찾아보고 토론해본 후 스스로 정리해보면 해결해야 할 문제에 대한 이해도가 높아지고 응용력도 향상됩니다.

---

1) 본 실험에서 오차의 원인은 무엇인가?

2) 오차를 줄일 수 있는 아이디어를 생각해보고 방법을 서술하시오.

3) 파동에는 종파와 횡파가 있다. 특성을 조사해 보고 예를 들어 설명해 보자.

4) 기하광학에서 기본 개념인 입사면에 대해서 정의하시오.

5) 빛의 굴절각 측정에 대한 질문이다.

　① 실험 데이터를 이용하여 반원통형 렌즈의 굴절률을 구하시오. 참고: 스넬의 법칙 이용

　② 광선이 반원통형 렌즈의 평면에 대해 수직으로 통과할 때 광선이 굴절되지 않은 이유에 대해서 설명하시오.

6) 빛의 임계각 측정에 대한 질문이다.

　① 내부전반사에 대한 그림을 그려 보고 임계각을 표시하고, 수식을 유도하시오.

　② 실험에서 측정한 임계각을 이용하여 프리즘렌즈의 굴절률을 구하시오.

7) 광통신에 사용되는 광섬유(fiber)의 구조와 특성을 설명하시오.

8) 내시경(endoscope)에 대해서 조사해보고 구조와 특성을 설명하시오.

▷ 답변 :

〈실험결과 요약〉

▶ 서론 본론 결론 형식으로 자유롭게 기술하세요.

논문형식의 기술적 글쓰기(Technical Writing)를 통해서 주장하는 내용에 대한 의미전달 능력을 향상시킬 수 있고 창의적 생각 또한 키워나갈 수 있습니다.

실험제목 :
작성자 신원 :

〈서론〉

〈본론〉

〈결론〉

〈참고문헌〉

➡ 미시세계에 적용되는 Coulomb의 법칙과 거시세계를 논하는 Newton의 만유인력 법칙은 상당이 유사합니다. 두 과학자의 업적에 대해서 자료를 조사해 보고 자연계의 근본 힘에 대해서 생각해 보세요. 또는 뉴턴은 빛에 대한 연구를 집대성한 1704년 광학(Optics)을 출간합니다. 어떤 연구결과를 정리해 놓았는지 자료를 조사해 보세요.

◆ 뉴턴의 만유인력 법칙

|Reputed descendants of Newton's apple tree|

Isaac Newton, 1642~1727

➢ **만유인력의 법칙 (Newton's Law of Universal Gravitation)**: 우주의 모든 입자는 → 두 입자의 질량의 곱에 비례하고, 거리의 제곱에 반비례하는 힘으로 서로 잡아당긴다.

◆ 역학의 혁명_Newton 『프린키피아』와 고전역학의 완성

- **뉴턴의 업적:**
  - i) 만유인력 법칙: 천상계의 역학 = 지상계의 역 → 통합
  - ii) 뉴턴의 종합: 실험적 전통 + 수학적 전통 → 결합

『자연철학의 수학적 원리』 or 『프린키피아』
(Philosophiae Naturalis Principia Mathematica)
(1687년 출판)

- ✓ **1권** : 저항이 없는 공간에서 → 물질입자와 일반적인 운동을 수학적으로 취급하는 법
- ✓ **2권** : 각종 저항이 있는 공간에서의 운동
- ✓ **3권** : 제1권의 결과들을 이용하여 태양계 포함 우주에서의 운동 기술

◆ 뉴턴의 생애와 과학

[그림: 위키백과]

1) 1642년 12월 25일 : 영국 울즈소프에서 소지주의 유복자로 출생
2) 1661년 : 케임브리지 대학 트리니티 칼리지에 입학
   → 플라톤, 아리스토텔레스의 자연철학, 유클리드 기하학
   → 데카르트 기하학과 기계적 철학, 보일의 화학, 가상디의 원자론
   → 갈릴레이, 케플러, 코페르니쿠스 저서 탐독
3) 1665~1667년 흑사병 : 2년간 고향 울즈소프로 돌아 감
   → '뉴턴의 기적의 해(1666년)'
   → 역제곱 법칙, 빛과 색깔 이론, 미적분학 등 핵심적인 아이디어
4) 1669년 케임브리지 대학에서 루카스 수학교수가 됨
   → 광학에 대해서 강의, 빛이 혼합광이란 생각, 반사망원경 발명
5) 1672년 빛과 색깔에 관한 논문을 왕립학회에 발표
   → 로버트 후크와 격한 논쟁을 벌임

(Robert Hooke, 1635~1703)

(Edmond Halley, 1656~1742)

[그림: 위키백과]

6) 1679년 : 후크로부터 역제곱 법칙에 관한 서신을 받음

→ 젊은 시절 생각과 유사

→ 역제곱 법칙을 행성운동에 적용할 구상

✓ 핼리와 후크도 행성의 운동을 해결하려고 함 → 미궁에 빠짐

6) 1684년 : 에드몬드 핼리의 방문

→ 행성궤도에 관한 토론 → 출판 권유 받음

7) 1687년 『자연철학의 수학적 원리』(Philosophiae Naturalis Principia Mathematica), 『프린키피아』라는 3권의 책을 출판

9) 1689년 : 의회 의원(케임브리지 대표자격)

10) 1699년 : 조폐국 국장으로 승진, 죽을 때 까지 역임

11) 1703년 : 왕립협회 회장

12) 1704년 : 『광학』 출간

13) 1705년 : 기사 작위(앤 여왕으로부터)

→ Sir Isaac Newton

14) 1727년 3월 20일 : 운명

[Newton's tomb monument in Westminster Abbey]

렌즈가 만드는 상

1. 실험목표

인류는 거울과 렌즈를 이용하여 광학장비를 제작하는 방법을 수 세기 동안 개발해왔다. 빛의 굴절을 이용하면 유용한 여러 가지 도구를 만들 수 있으며, 그 중에서 많이 쓰이는 것이 렌즈이다. 본 실험에서는 오목 렌즈나 볼록 렌즈의 초점 거리를 결정하고 볼록 렌즈에 의한 상의 배율을 측정한다. 또한 망원경과 현미경의 원리와 구조에 대해서도 알아볼 것이다.

2. 학습목표

◆ 학습목표 : 렌즈와 거울이 만드는
상에 대한 이해

❖ 아래 내용에 대한 개념을 정리해
보고, 실험을 구상해 보세요.

• 렌즈와 거울이 만드는 상에 대해서
자료를 조사해 본다.
• 렌즈와 거울이 만드는 상을 작도해 본다.
• 렌즈와 거울을 이용해서 만들 수 있는
과학 장비에 대해서 토론해 본다.
• 관련 실험을 구상해 본다.

(Galileo Galilei, 1564년~1642년)

3. 기본 개념에 대한 이해

◆ 얇은 렌즈가 만드는 상에 대한 작도법

- 수렴렌즈(converging lenses)
  볼록렌즈

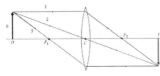

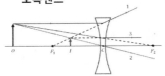

- 발산 렌즈(diverging lenses)
  오목렌즈

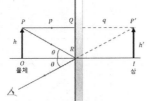

❖ **실험이해**
Galilei가 망원경을 개선하여 발견한 결과들을 조사해보고, 시대적 배경을 고려하여 역사적 의의에 대해서 설명해 보자.

[갈릴레이, 달,1610년] [갈릴레이 위성, WiKi]

❖ **광선추적법**

- **광선 1** : 주축에 평행하게 입사한 광선 → 굴절하여 렌즈 뒤쪽의 초점을 지난다.
- **광선 2** : 렌즈의 중심으로 입사한 광선 → 굴절되지 않고 렌즈를 직진하여 통과한다.
- **광선 3** : 렌즈의 앞쪽 초점으로 입사한 광선 → 렌즈에서 굴절하여 주축에 평행하게 지나간다.

◆ 거울이 만드는 상에 대한 작도법

- 물체 거리(object distance) P : 평면 거울로부터 **물체가 있는 O까지의 거리**
- 상 거리(image distance) q : I를 O에 있는 물체의 상(image)이라 하며, **I가 위치하는 거울에서의 거리**

➤ 거울 방정식 :
$$\frac{1}{p} + \frac{1}{q} = \frac{1}{f}$$

➤ 상의 가로 배율 방정식
(lateral magnification) :
$$M = \frac{h'}{h} = -\frac{q}{p}$$

✓ **거울 앞에 물체가 있을 때** : 상은 거울 뒤의 같은 거리에서 생김
✓ 상은 물체와 같은 크기 이고, 허상이며, 정립이다.

❖ **심화학습 : 거울 방정식 유도**
오목거울을 가정하고 거울 방정식과 배율 방정식을 유도해 보자. 또한 렌즈 방정식과 비교해 보고 토론해 보자.

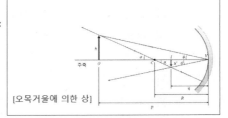

[오목거울에 의한 상]

4. 이론 및 원리

4.1 상의 형성

개념이해	상의 형성	
URL	https://youtu.be/CfnxzITUlSE	

수 세기 동안 과학자들은 거울과 렌즈를 이용하여 광학적 도구들을 개발하여 왔다. 망원경이나 현미경 그리고 의학에 사용되고 있는 내시경과 우리의 모바일에 장착되어있는 카메라는 모두 이러한 광학기술을 이용하고 있는 장비들이다. 광학기기들을 적절히 잘 사용하기 위해서는 렌즈와 거울이 만드는 상을 이해하는 것은 필수적이므로 빛의 굴절률의 변화를 이용하는 이러한 소자들이 만드는 상에 대한 기초적인 개념들에 대해서 알아보자.

대표적으로 렌즈와 거울을 이용하며 만드는 상(image)에는 실상(real image)과 허상 (virtual image)이 있다. 실상은 물체의 한 점에서 나온 여러 개의 광선이 다시 하나의 점에 모여서 만드는 상을 뜻하며, 스크린에 실제로 맺히는 상을 생각해 보면 이해하기 쉽다. 허상은 실상처럼 물체의 한 점에서 나온 광선이 한 점에 모이지는 않지만, 마치 빛살이 어느 한 점에서 나오는 것처럼 보이는 겉보기 상을 말한다. 거울에 비친 이미지는 허상이다.

또한 이러한 소자들이 만들어 내는 상에는 정립(upright]과 도립(inverted)이라는 개념 이 있다. 어떤 광학소자에 의해서 만들어진 상이 물체와 같은 방향인 경우 정립상이라 하고, 물체의 방향과 반대 방향인 경우 도립상이라고 한다. 평면거울에 비친 상은 정립상이 고 바늘구멍 사진기를 통해 얻은 상은 도립상이다.

4.2 거울 방정식과 배율

개념이해	얇은 렌즈가 만드는 상과 문제풀이	
URL	https://youtu.be/SrP83Bf6dbI	

그림 1과 2는 볼록렌즈와 오목렌즈에 의한 상의 위치와 모양이다. 렌즈의 중심 부분이

가장자리보다 두꺼운 것은 볼록렌즈라 하고, 반대로 중심 부분이 얇은 렌즈를 오목렌즈라 한다. 볼록렌즈는 평행 광선을 한 곳에 모으고, 오목렌즈는 평행 광선을 한 곳에서 나온 것처럼 발산시킨다. 따라서 볼록렌즈를 수렴렌즈(converging lenses), 그리고 오목렌즈를 발산렌즈(diverging lenses)라고도 한다. 볼록렌즈에서 평행 광선이 모이는 곳을 초점이라고 한다. 오목렌즈에서는 평행 광선이 초점에서부터 나온 것처럼 발산하므로 오목렌즈의 초점을 허초점이라고 한다.

물체의 렌즈에 의해 맺혀진 상의 위치는 렌즈 공식에 의하여 다음과 같이 주어진다.

$$\frac{1}{p} + \frac{1}{q} = \frac{1}{f}$$

여기서 p는 물체와 렌즈간의 거리, q는 렌즈와 상까지의 거리, f는 렌즈의 초점 거리이다. q가 양의 값이면 상은 실상이고 스크린에 상이 맺힌다. q가 음의 값이면 상은 허상이고, 렌즈를 통과한 빛은 발산하게 되고 눈으로 이 빛을 보았을 때 렌즈의 뒤쪽에 있는 상을 볼 수 있다.

광축(주축)과 평행한 광선이 렌즈를 통과하여 광축과 한 점에서 만날 때 이점을 주초점이라 하고 렌즈의 중심으로부터 주초점까지의 거리를 초점거리라고 한다. 볼록렌즈의 초점 거리는 양의 값이고 오목렌즈는 음의 값을 갖는다.

가로배율(lateral magnification)은 렌즈에 형성된 상의 길이 h'와 물체의 길이 h의 비로 정의된다. 이것은 또한 상의 거리와 물체의 거리의 비와 같다. 즉,

$$M = \frac{h'}{h} = -\frac{q}{p}$$

이다.

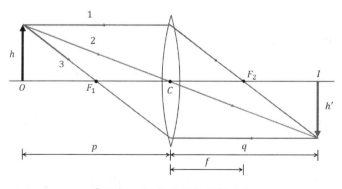

[**그림 1** 볼록렌즈에 의한 상]

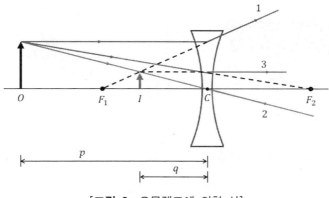

[그림 2 오목렌즈에 의한 상]

5. 실험장비

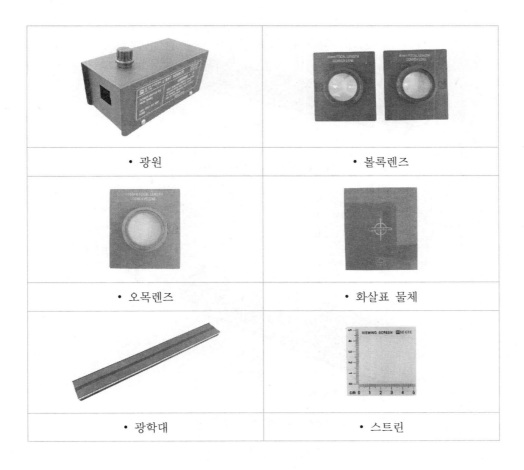

• 광원	• 볼록렌즈
• 오목렌즈	• 화살표 물체
• 광학대	• 스크린

• 받침대	• 줄자
• 버니어 캘리퍼스	

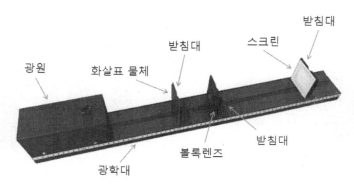

[**그림 3** 볼록렌즈 실험 장치도]

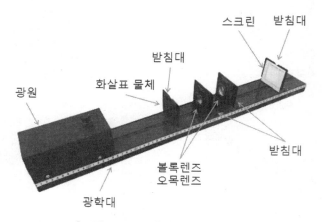

[**그림 4** 오목렌즈 실험 장치도]

6. 실험방법

[실험 01　볼록렌즈(Convex Lens)의 초점 거리 측정]

우리가 렌즈를 이용하려면 렌즈의 초점 거리를 알아야 한다. 렌즈의 초점 거리를 근사적인 방법으로 측정할 수 있다. 먼 거리에 있는 물체, 즉 실험실 밖의 나무와 건물을 렌즈에 의하여 스크린에 상을 맺게 하고 렌즈와 스크린까지의 거리를 측정하면 초점 거리의 근삿값 $f_{p\to\infty}$를 구할 수 있다. 이번에는 반대로 벽에 상을 맺히게 하여, 렌즈와 물체 사이의 거리를 측정하면 초점 거리의 근사값 $f_{q\to\infty}$를 구할 수 있다.

① 그림 5와 같이 광학대의 양 끝에 화살표 모양의 물체와 스크린을 두고, 물체의 뒤편에서 스크린을 향하여 광원을 비춘다.

② 물체와 스크린을 고정시킨 다음 그사이의 거리 D를 측정하여 기록한다. 이때, 물체와 스크린까지의 거리는 렌즈의 초점 거리의 약 다섯 배 정도가 좋다.

③ 렌즈를 물체 가까이에 놓고 스크린에 확대된 상을 관찰하면서 렌즈를 앞뒤로 조금씩 움직여 스크린에 가장 선명한 상이 나타나도록 렌즈를 조정한다. 물체와 렌즈, 스크린 등의 중심이 일직선 상에 있도록 하고, 주축에 기울어지지 않고 수직하게 설치한다.

④ 렌즈로부터 물체와의 거리 p와 스크린까지의 거리 q를 측정하여 기록한다. 또한, 물체의 크기 h와 상의 크기 h'를 측정하여 기록한다.

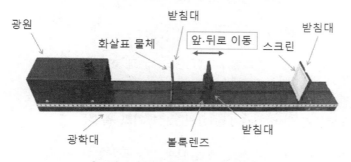

[**그림 5**　볼록렌즈의 초점 거리]

[그림 6 실험의 예]

⑤ 그림 7과 같이 렌즈를 스크린 가까이 움직여 축소된 선명한 상이 스크린에 나타나도록
   하여 렌즈로부터 물체와의 거리 p'과 스크린까지의 거리 q'을 측정하여 기록한다.
   또한, 축소 상의 크기 h''를 측정한다.
⑦ 위의 과정 ③~⑥을 반복하여 측정한다.
⑧ 이번에는 초점 거리가 다른 두 번째 볼록 렌즈를 사용하여 앞의 실험 과정을 반복하
   고, 그 결과를 기록한다.

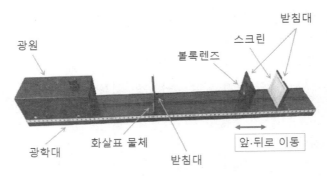

[그림 7 볼록렌즈의 초점 거리]

[실험 02 오목렌즈(Concave Lens)의 초점 거리 측정]

오목렌즈는 빛을 발산시키기 때문에 발산렌즈라고도 한다. 이러한 오목렌즈 만으로는
실상을 만들 수 없어 초점 거리를 측정할 수 없다. 따라서 볼록렌즈를 함께 사용하여
초점 거리를 측정한다. 단, 과정 ①에서 생긴 실상이 오목 렌즈의 허물체가 되고, 물체와
오목 렌즈와의 거리가 음(−)의 값을 갖는 것에 유의해야 한다.

① 실험 8에서와 같이 볼록 렌즈를 이용하여 스크린에 선명한 상이 맺히게 한다. 이때, 스크린을 뒤로 움직일 수 있도록 공간을 둔다.

② 볼록 렌즈와 스크린의 위치를 측정한다.

③ 볼록 렌즈와 스크린 사이에 오목 렌즈를 둔다. 오목 렌즈의 발산하는 성질 때문에 볼록 렌즈에 의해서 생긴 상보다 먼 곳에 상이 생기게 된다.

④ 스크린을 움직여서 선명한 상이 맺히게 거리를 조정하고, 오목 렌즈와 스크린의 위치를 측정한다.

⑤ 위 실험을 반복한다.

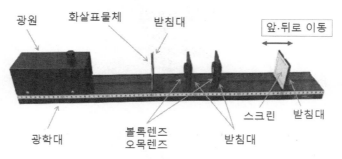

[그림 8 오목 렌즈의 초점 거리 측정]

7. 다른 실험방법 구상

[실험구상 01 천체망원경을 만들어 보자.]

- 천체망원경의 역사적 배경과 종류를 조사해보자.
- 천체망원경의 기하학적 구조를 작도해 보고 원리를 설명해 보자.

[그림 9 망원경]

[실험구상 02 현미경을 만들어 보자.]

• 현미경의 역사적 배경과 종류를 조사해보자.

• 현미경의 기하학적 구조를 작도해 보고 원리를 설명해 보자.

[**그림 10** 현미경]

실험 12   렌즈가 만드는 상

결과보고서

담당교수 : _____ 교수님

실험일	월 일	제출일	월 일
학번		이름	

( )조 조원이름	• • •

[실험 01   볼록렌즈(Convex Lens)의 초점 거리 측정]

$f_{볼록} = 60.0\,\mathrm{cm}$, $f_{p\to\infty} = $ _____ cm, $f_{q\to\infty} = $ _____ cm

p	q	p'	q'	D	d $(=p'-p)$	h	h'	h''	m (확대) h'/h	q/p	m' (축소) h''/h	q'/p'	f (확대)	f' (축소)	f'' $(D,\ d)$
									평 균						
									표준 편차						
									상대 오차						

f: 확대상을 이용한 초점 거리

f': 축소상을 이용한 초점 거리

f'': D와 d를 이용한 초점 거리

$f_{볼록} = 30.0\,\text{cm}$ $f_{p \to \infty} = $ _____ cm , $f_{q \to \infty} = $ _____ cm

p	q	p'	q'	D	d $(= p' - p)$	h	h'	h''	m (확대)		m' (축소)		f (확대)	f' (축소)	f'' $(D,\ d)$
									h'/h	q/p	h''/h	q'/p'			
												평 균			
												표준 편차			
												상대 오차			

[실험 02 오목렌즈(Concave Lens)의 초점 거리 측정]

$f_{오목} = -100mm$, $f_{볼록} = $ _____ $60mm$

횟수	볼록 렌즈에 의한 상의 위치 q_1	오목 렌즈의 위치 l	오목 렌즈에 의한 상의 위치 $q_2 + l$	p_2 $(= l - q_1)$	q_2	f $\left(= \dfrac{p_2 q_2}{p_2 - q_2}\right)$
1						
2						
3						
4						
5						
				평 균		
				표준 편차		
				상대 오차		

[실험구상 01   천체망원경을 만들어 보자.]

실험 제목 : _____

• 천체망원경의 역사적 배경과 종류	• 천체망원경의 기하학적 구조와 원리

[실험구상 02 현미경을 만들어 보자.]

실험 제목 : _____

• 현미경의 역사적 배경과 종류	• 현미경의 기하학적 구조와 원리

〈질문〉

◪ 아래 질문에 답하시오.

　답변할 때는 자료를 찾아보고 토론해본 후 스스로 정리해보면 해결해야 할 문제에 대한 이해도가 높아지고 응용력도 향상됩니다.

1) 본 실험에서 오차의 원인은 무엇인가?
2) 오차를 줄일 수 있는 아이디어를 생각해보고 방법을 서술하시오.
3) 실상과 허상, 정립과 도립에 대해서 설명하시오.
4) 초점 거리 10.0 cm인 수렴렌즈가 물체의 상을 형성하였다. 물체 거리가 5.00 cm일 때 상의 위치 q와 배율 M을 구하라.
5) 초점 거리가 10.0 cm인 볼록거울을 이용하여 뒤쪽 5.00 cm 되는 곳에 상을 형성하려고 한다. 물체의 위치 p와 배율 M을 구하라.
6) 렌즈에는 구면 수차가 발생한다. 구면수차란 어떤 개념인지 기술하고 구면수차를 줄일 수 있는 방법을 논하라.
7) 렌즈에는 색수차가 발생한다. 색수차란 어떤 개념인지 기술하고 색수차를 줄일 수 있는 방법을 논하라.

▷ 답변 :

〈실험결과 요약〉

▶ 서론 본론 결론 형식으로 자유롭게 기술하세요.

논문형식의 기술적 글쓰기(Technical Writing)를 통해서 주장하는 내용에 대한 의미전달 능력을 향상시킬 수 있고 창의적 생각 또한 키워나갈 수 있습니다.

실험제목 :

작성자 신원 :

〈서론〉

〈본론〉

〈결론〉

〈참고문헌〉

▶ 아인슈타인의 일반상대성 이론에 의하면 공간이 휘어져 거대한 렌즈 역할을 할 수 있습니다. 이를 중력렌즈라고 합니다. 중력렌즈에 대해서 자료를 조사하고 토론해 보세요.

◆ **중력렌즈 효과 (gravitational lensing)**

· 아주 먼 천체에서 나온 빛이 중간에 있는 거대한 천체에 의해 휘어져 보이는 현상을 의미한다.
· 일반 상대성이론의 증거 중 하나이다.

  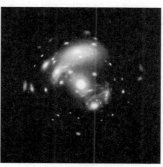

- 거대한 천체(중앙)로부터 멀리 떨어져 있는 빛(좌측)이 천체의 오른쪽 주변에서 원호 모양으로 휘어져 분포한다.
✓ **주황색 화살표**는 광원의 겉보기 위치
✓ **흰색 화살표**는 광원의 실제 위치
✓ **빛의 경로**를 보여줌

- 아인슈타인 링의 형태.
- 앞에 있는 은하의 강한 **중력 렌즈 효과** 때문에 멀리 떨어진 하나의 **퀘이사**가 은하의 네 개의 상으로 관측됨.

[제작: Pablo Carlos Budassi]

▶ 로버트 후크(Robert Hooke)는 현미경을 개발하여 세포를 발견하였습니다. 후크의 '마이크로그라피아'를 조사해보고 여러분들도 광학장비를 개발해 보세요.

◆**로버트 훅의 마이크로그라피아(Micrographia)**

[Robert Hooke, 1635~1703]
1680년에 그려진 이 초상화에 있는 인물이 로버트 훅으로 추정

[벼룩에 관한 그림, 1665년]

[진드기에 관한 그림, 1665년]

- 로버트 훅이 사용했던 현미경

• 코르크의 얇은 조각이 벌집과 같은 형태임을 보고
→ '작은 방'이라는 뜻의 라틴어에서
→ 세포(cell)라는 용어를 최초로 사용함

이중 슬릿 실험

1. 실험목표

간섭과 회절에 관한 실험을 구상할 때는 결맞은 빛살을 이용하면 편리하다. 이를 가간섭성 광원(coherent light)이고 한다. 본 실험에서는 결맞은 빛살인 레이저를 광원을 이용하여 영(Young)의 이중 슬릿 실험을 구현해 본다. 이 시험결과를 이용하여 빛의 가장 중요한 특성인 간섭과 회절 현상을 관찰해보고, 빛의 파동성을 이해해 본다. 또한 실험에 사용한 광원의 파장을 구해 본다.

2. 학습목표

◆ **학습목표 : 이중슬릿 실험에 대한 이해**

❖ **아래 내용에 대한 개념을 정리해 보고 실험을 구상해 보세요.**

- 빛의 입자성과 파동성에 대해서 조사해 보고 토론해 본다.

- 보강간섭과 상쇄간섭에 대해서 특성을 정리해 본다.

- 빛의 파장을 구하는 식을 유도해 본다.

- 관련 실험을 구상해 본다.

|토마스 영, Thomas Young, 1773~1829|

3. 기본 개념에 대한 이해

◆ Young의 이중 슬릿 실험

❖ 경로차
(path difference)

$$\delta = r_2 - r_1 = d \sin \theta$$

- 보강간섭(constructive interference) 조건 :

$$\delta = d \sin \theta_{bright} = m\lambda, \qquad (m = 0, \pm 1, \pm 2, \cdots)$$

- 상쇄간섭(destructive interference) 조건 :

$$\delta = d \sin \theta_{dark} = \left(m + \frac{1}{2} \right) \lambda, \qquad (m = 0, \pm 1, \pm 2, \cdots)$$

$$For\ small\ \theta, \quad \tan \theta \approx \sin \theta = \frac{y}{L}$$

$$y_{bright} = \frac{\lambda L}{d} m \qquad y_{dark} = \frac{\lambda L}{d} \left(m + \frac{1}{2} \right)$$

❖ 실험이해
Young은 1801년 자연광원을 이용하여 간섭실험을 성공시켰다. 우리는 레이저를 이용하며 실험을 수행할 예정이다. 두 광원의 차이점에 대해서 토론해 보고, 레이저의 발진 원리에 대해 조사해 보자.

[사진: wikipedia]

◆ 회절(Diffraction)

- 스크린 상에 나타나는 일반적인 세기 분포

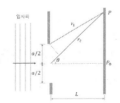

$$\frac{a}{2} \sin \theta = \frac{\lambda}{2} \qquad \text{또는} \qquad \sin \theta = \frac{\lambda}{a} \quad \text{(상쇄 간섭)}$$

$$\sin \theta = \frac{2\lambda}{a} \qquad \qquad \sin \theta = \frac{3\lambda}{a} \quad \cdots \cdots$$

$$\sin \theta_{dark} = m \frac{\lambda}{a} \quad m = \pm 1, \pm 2, \pm 3, \cdots \quad \text{(상쇄 간섭 조건)}$$

❖ 실험이해
회절과 관련된 현상 중 분해능과 관련된 한계 기준인 레일리 기준(Rayleigh's criterion)에 대해서 조사해보고, 우리의 눈과 비교하여 토론해 보자.

[사진: wikipedia]

4. 이론 및 원리

4.1 간섭과 회절 무늬

아래 사진은 레이저를 이용한 이중 슬릿 실험에서 나타나는 간섭무늬의 한 예를 보여준다. 실험에 사용한 이중 슬릿 간격은 $d = 0.125 \times 10^{-3}$ m 이다.

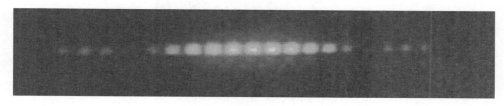

[**그림 1** 이중 슬릿에 의한 간섭무늬]

아래 사진은 회절무늬 한 예를 보여준다. 회절무늬는 일반적으로 중앙에 넓고 밝은 무늬가 나타나고 주변에 어두운 무늬와 밝은 무늬가 교차하는 패턴을 갖는다. 실험에 사용한 단일 슬릿 간격은 $a = 0.08 \times 10^{-3} m$ 이다.

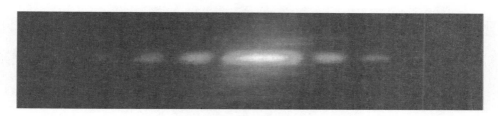

[**그림 2** 단일 슬릿에 의한 회절무늬]

빛은 파동성과 입자성을 모두 갖고 있는데, 간섭과 회절은 파동성의 대표적인 예이다. 1801년에 영(Thomas Young)은 빛에 의한 간섭 현상을 발견함으로써 처음으로 확실한 실험적 기초 위에 빛의 파동설을 세웠다.

그림 3와 같은 이중 슬릿을 이용한 실험에서 스크린에 나타나는 무늬는 회절과 간섭이 복합되어 나타난다. 즉, 두 슬릿으로 나오는 전기장을 각각

$$E_1 = E_0 \sin wt$$

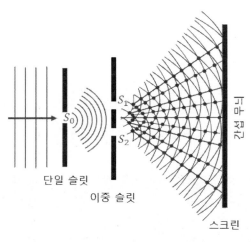

단일 슬릿

이중 슬릿

스크린

[그림 3] 영(Young)의 이중 슬릿 실험 구조

$$E_2 = E_0 \sin(wt + \phi)$$

으로 쓰면, 스크린에서의 빛의 세기는

$$I = 4I_0 \cos^2\beta \left(\frac{\sin\alpha}{\alpha}\right)^2$$

이다. 여기서 $I_0 = |E_0|^2$, $\beta = \frac{\pi d}{\lambda}\sin\theta$, 그리고 $\alpha = \frac{\pi a}{\lambda}\sin\theta$이다.

위 식에서 $\cos^2\beta$는 간섭 효과로 그림 1과 같은 무늬가 생기며 이는 슬릿 사이의 간격에 의존한다. 또 $\left(\frac{\sin\alpha}{\alpha}\right)^2$는 회절 효과로 그림 2와 같은 무늬가 생기며 슬릿의 폭에 의존한다.

4.2 간섭이론

개념이해	영의 간섭 실험과 빛의 파장 구하기	
URL	https://youtu.be/e-aSVQ2flpk	

과학발전의 역사에서 빛의 본성에 대한 논쟁은 매우 중요한 위치를 차지하고 있다. 빛은 입자일까? 파동일까? 이 논쟁의 첫 번째 결정적인 시험적 증거가 영(Young)의 이중

슬릿 실험이고 이 실험에서 영은 빛이 간섭한다는 현상을 실험적으로 보여 주었다. 간섭이란 두 개의 파동이 서로 중첩되어 어떤 공간에 에너지가 균일하게 분포하지 않고, 어느 지점에서 극대가 되고, 다른 점에서는 극소가 되는 현상을 말한다. 간섭을 보기 위해서는 두 개 이상의 파동이 같은 속도, 진동수, 파장 및 상대적 위상이 일정하게 유지되어야 한다.

그림 4에서 두 개의 슬릿 S_1과 S_2에서 나온 빛의 간섭을 생각해 보자. 슬릿을 통과한 빛은 회절에 의해 두 개의 구면파로 진행한다. 광원이 단색광이면 두 파동이 스크린 위의 점 P에 도달할 때, 두 파동의 경로차 δ에 의하여 밝고 어두운 무늬를 스크린에 만들게 된다.

이때, 경로차 δ는 슬릿 사이의 간격 d와 슬릿 중심과 P점 사이의 각도 θ와 다음과 같은 관계가 있다.

$$\delta = r_2 - r_1 = d\sin\theta$$

경로차 δ가 파장의 정수배일 때, 점 P에서의 밝은 무늬가 나타나는 보강간섭이 일어나고, 반파장의 홀수배일 때는 어두운 무늬가 나타나는 상쇄간섭이 일어난다. 즉

$$d\sin\theta = m\lambda, \quad m = 0, \pm 1, \pm 2, \cdots \quad \text{(보강간섭)}$$

$$d\sin\theta = (m+\frac{1}{2})\lambda, \quad m = 0, \pm 1, \pm 2, \cdots \quad \text{(상쇄간섭)}$$

와 같이 보강간섭 조건과 상쇄간섭 조건을 찾을 수 있다.

실험에서는 스크린에 나타나는 m번째 밝은 무늬의 위치 y_m을 측정하면 각도 θ_m과 다음의 관계가 성립한다.

$$y_m = L\tan\theta_m$$

이때, L은 이중 슬릿과 스크린까지의 거리로 y_m보다 매우 크므로

$$\tan\theta_m \approx \sin\theta_m \approx \theta_m, \quad \text{조건: } L \gg y_m$$

이 된다. 이 두 식을 정리하면

$$y_m^{(\text{간섭})} = L\frac{m\lambda}{d} \quad (m\text{번째 밝은 무늬})$$

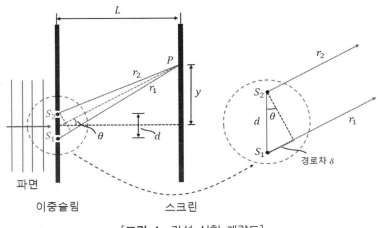

[**그림 4** 간섭 실험 개략도]

와 같이 쓸 수 있고 이 식에서 m번째 밝은 무늬가 나타나는 위치를 알 수 있다. 또한, 스크린의 중앙에서 m번째 무늬까지의 거리 y_m를 알면 빛의 파장 λ를 구할 수 있는데

$$\lambda = \frac{d\,y_m}{L\,m}$$

이다.

4.3 회절이론

그림 5와 같은 회절실험에서 두 빗살의 경로차는

$$\delta = \frac{a}{2}\sin\theta$$

으로 주어지는데, 이 경로차를 이용하여 회절무늬의 조건을 찾아낼 수 있다. 슬릿을 통과한 후 파동의 위상은 서로 동일하나, 경로차가 반 파장 $\lambda/2$이면 위상차가 $180°$가 되어 상쇄간섭이 일어나게 된다. 그러므로 위쪽 절반을 통과하여 나온 파동과 아래쪽 절반을 통과하여 나온 파동은

$$\delta = \frac{a}{2}\sin\theta = \pm\frac{\lambda}{2}$$

인 조건에서 상쇄간섭하게 되고, 이를 정리하면

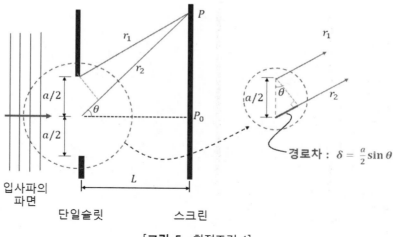

[**그림 5** 회절조건 1]

$$\sin\theta = \pm\frac{\lambda}{a}$$

에서 첫 번째 어두운 무늬가 나타나는 것을 알 수 있다.

이제 위에서 분석한 현상을 일반화시키기 위하여 그림 6과 같이 슬릿을 사등분하여 생각해 보면

$$\delta = \frac{a}{4}\sin\theta = \frac{\lambda}{2}$$

와 같이 되고, 정리하면

$$\sin\theta = \pm 2\frac{\lambda}{a}$$

에서 두 번째 어두운 무늬가 나타난다는 것을 알 수 있다. 세 번째와 네 번째 어두운 무늬가 나타날 조건도 같은 방법으로 정리를 해보고, 이 식들에서 규칙성을 찾아 일반화시켜서 쓰면

$$\sin\theta_{dark} = \pm m\frac{\lambda}{a}, \, (m = 0, \pm 1, \pm 2, \cdots)$$

와 같이 표현할 수 있음을 알 수 있다. 이 식을 상쇄간섭이 일어날 조건식이라 한다.

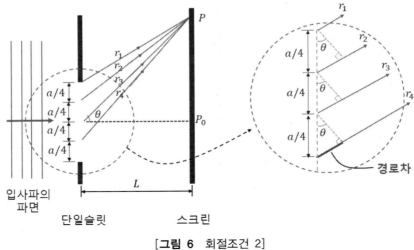

[그림 6 회절조건 2]

회절 무늬 간격도 간섭무늬에서 구했던 방법과 같은 방법으로 구할 수 있으며, 위 간섭 결과 식에서 슬릿 간격 d를 슬릿 폭 a로 바꾸면 된다. 즉 회절에 의한 m번째 어두운 무늬는

$$y_n^{(회절)} = L\frac{m\lambda}{a} \quad \text{(어두운 무늬)}$$

가 된다.

5. 실험장비

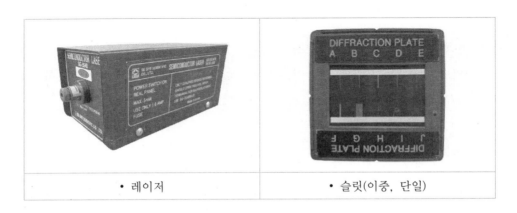

| • 레이저 | • 슬릿(이중, 단일) |

• 광학대	• 받침대
• 스크린	• 회절자
• 줄자	• 버니어 캘리퍼스

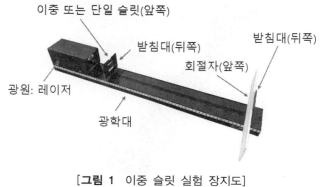

[**그림 1** 이중 슬릿 실험 장지도]

6. 실험방법

▷ 광원에 따라 다음 조건을 결정한다.

– 광학대 위에 광원, 슬릿 및 스크린을 그림과 같이 배열한다. 만일 레이저를 광원으로
  사용할 경우에는 이중 슬릿에 직접 비추어도 된다.
– 광원과 이중 슬릿 사이에 단일 슬릿을 두거나, 렌즈를 이용하여 이중 슬릿에 평행광선
  이 입사되도록 한다.

[실험 01   레이저를 이용한 간섭실험]

① 광학대 위에 광원, 슬릿 및 스크린을 그림과 같이 배열한다.
② 레이저 광이 슬릿 D를 통과하도록 회절판을 위치시킨다.
③ 이중 슬릿과 스크린 사이의 거리 L를 측정한다.
④ 스크린상의 가장 밝은 간섭무늬의 중심으로부터 m번째 밝은 무늬의 중심까지의
  거리 y_m을 측정한다.
⑤ 슬릿 E와 F에 대해서 위 실험을 반복한다.
⑥ 다음 식으로부터 사용한 광원의 파장을 구한다.

$$\lambda = \frac{dy_m}{mL}$$

[**그림 2** 레이저를 이용한 간섭실험]

⑦ 사용한 광원의 주어진 파장과 위에서 계산한 값을 비교한다.

[실험 02 레이저를 이용한 회절실험]

① 광학대 위에 광원, 슬릿 및 스크린을 그림과 같이 배열한다.
② 레이저 광이 슬릿 A를 통과하도록 회절판을 위치시킨다.
③ 스크린과 슬릿 사이의 거리 L를 측정한다.
④ 회절무늬로부터 극소 위치 y와 차수 m을 측정하여 표에 기록한다.
⑤ 슬릿 B와 C에 대해서 위 실험을 반복한다.
⑥ 다음 식으로부터 사용한 광원의 파장을 구한다.

$$\lambda = \frac{ay_m}{mL}$$

⑦ 사용한 광원의 주어진 파장과 위에서 계산한 값을 비교한다.

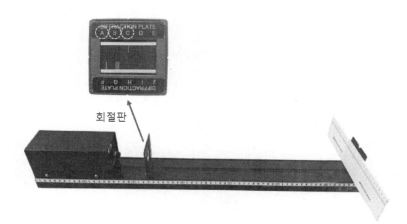

[그림 3 레이저를 이용한 회절실험]

7. 다른 실험방법 구상

[실험구상 01 자연광을 이용한 간섭실험]

• 자연광(예, 태양)을 이용한 간섭실험을 구상해 본다.
• 레이저를 이용할 때와 자연광을 이용할 때의 차이점을 비교해 본다.

[실험구상 02   전자간섭 실험]

• 전자총을 이용한 간섭방법을 조사해 본다.

• 우리는 전자는 입자라고 생각하고 있다. 그러나 간섭무늬를 만든다. 이는 물질의 이중성에 기원하는데 이중성에 대해서 토론해 보자.

담당교수 : _____ 교수님

실험일	월 일	제출일	월 일
학번		이름	
( )조 조원이름	• • •		

[실험 01 레이저를 이용한 간섭실험]

1) 슬릿 D (슬릿 사이의 간격 $(d) = 0.125 \times 10^{-3} \text{m}$), 차수: $m =$ _____ 차

실험 횟수	$L(\times 10^{-2} \text{m})$	$\Delta y(\times 10^{-2} \text{m})$	$\lambda(\times 10^{-9} \text{m}) = \dfrac{d\Delta y}{mL}$
1	190		
2	195		
3	200		
4	205		
5	210		
		평균	
		표준편차	

2) 슬릿 E(슬릿 사이의 간격 $(d) = 0.250 \times 10^{-3}$ m), 차수: $m =$ _____ 차

실험 횟수	$L(\times 10^{-2}$m$)$	$\Delta y(\times 10^{-2}$m$)$	$\lambda(\times 10^{-9}$m$) = \dfrac{d\Delta y}{mL}$
1	190		
2	195		
3	200		
4	205		
5	210		
		평균	
		표준편차	

3) 슬릿 F(슬릿 사이의 간격 $(d) = 0.250 \times 10^{-3}$ m), 차수: $m =$ _____ 차

실험 횟수	$L(\times 10^{-2}$m$)$	$\Delta y(\times 10^{-2}$m$)$	$\lambda(\times 10^{-9}$m$) = \dfrac{d\Delta y}{mL}$
1	190		
2	195		
3	200		
4	205		
5	210		
		평균	
		표준편차	

[실험 02 레이저를 이용한 회절실험]

1) 슬릿 A (슬릿 사이의 간격 $(a) = 0.04 \times 10^{-3}\,\mathrm{m}$), 차수: $m =$ _____ 차

실험 횟수	$L(\times 10^{-2}\mathrm{m})$	$\Delta y(\times 10^{-2}\mathrm{m})$	$\lambda(\times 10^{-9}\mathrm{m}) = \dfrac{d\Delta y}{mL}$
1	190		
2	195		
3	200		
4	205		
5	210		
		평균	
		표준편차	

2) 슬릿 B (슬릿 사이의 간격 $(a) = 0.08 \times 10^{-3}\,\mathrm{m}$), 차수: $m =$ _____ 차

실험 횟수	$L(\times 10^{-2}\mathrm{m})$	$\Delta y(\times 10^{-2}\mathrm{m})$	$\lambda(\times 10^{-9}\mathrm{m}) = \dfrac{d\Delta y}{mL}$
1	190		
2	195		
3	200		
4	205		
5	210		
		평균	
		표준편차	

3) 슬릿 C(슬릿 사이의 간격 $(d) = 0.16 \times 10^{-3}\,\mathrm{m}$), 차수: $m =$ _____ 차

실험 횟수	$L(\times 10^{-2}\mathrm{m})$	$\Delta y(\times 10^{-2}\mathrm{m})$	$\lambda(\times 10^{-9}\mathrm{m}) = \dfrac{d\Delta y}{mL}$
1	190		
2	195		
3	200		
4	205		
5	210		
		평균	
		표준편차	

[실험구상 01 자연광을 이용한 간섭실험]

실험 제목 : _____

• 실험 장치도(그림으로 표현)	• 실험방법 설명

• 레이저를 이용할 때와 자연광을 이용할 때의 차이점 설명

[실험구상 02 전자간섭 실험

실험 제목 : _____

• 전자총을 이용한 간섭방법 설명	• 실험결과를 찾아서 붙여 넣으세요.

• 물질의 이중성에 기원하는데 이중성에 대해서 논해보자.

〈질문〉

☑ 아래 질문에 답하시오.

답변할 때는 자료를 찾아보고 토론해본 후 스스로 정리해보면 해결해야 할 문제에 대한 이해도가 높아지고 응용력도 향상됩니다.

---

1) 본 실험에서 오차의 원인은 무엇인가?
2) 오차를 줄일 수 있는 아이디어를 생각해보고 방법을 서술하시오.
3) 그림 3을 보면, 광원과 이중 슬릿 사이에 단일 슬릿을 사용하고 있다. 그러나 본 실험에서는 단일 슬릿을 사용하지 않았다. 단일 슬릿을 사용하지 않아도 되는 이유는 무엇인가?
4) 가간섭성 빛의 특성에 대해서 조사해보고 설명하라.
5) 슬릿 사이의 간격이 $0.240\,\mathrm{mm}$ 이고, 슬릿과 스크린 사이의 거리가 $1.95\,\mathrm{m}$ 이다. 간섭무늬의 중심으로부터 $9.35\,\mathrm{mm}$ 인 곳에서 두 번째의 밝은 무늬가 나타났다고 할 때 사용한 광원의 파장을 구하라.
6) 간섭무늬를 만들기 위해 파장이 $680\,\mathrm{nm}$ 인 레이저를 이용하였다. 슬릿으로부터 스크린까지의 거리는 $3.25\,\mathrm{m}$ 이고, 슬릿 사이의 간격은 $5.50\times10^{-5}\mathrm{m}$ 이다. 첫 번째 밝은 무늬와 세 번째 밝은 무늬 사이의 거리 y를 구하라.
7) 간섭과 회절은 빛의 파동성을 설명하는 대표적 실험이다. 빛의 입자성을 보여주는 실험을 조사해보고 예를 들어 설명하라.

▷ 답변 :

〈실험결과 요약〉

➡ 서론 본론 결론 형식으로 자유롭게 기술하세요.

논문형식의 기술적 글쓰기(Technical Writing)를 통해서 주장하는 내용에 대한 의미전달 능력을 향상시킬 수 있고 창의적 생각 또한 키워나갈 수 있습니다.

실험제목 :

작성자 신원 :

〈서론〉

〈본론〉

〈결론〉

〈참고문헌〉

➡ 자연에 대한 패러다임(paradigm)을 변화시킨 인물들에 대해서 자료를 조사하고 업적에 대해서 생각해 보세요.

만물의 근원 / 탈레스(Thales)624?~548/545? B.C.

원자가설 / 데모크리토스(Democritos) 460?~370? B.C

경험적 자료 축적 / 아리스토텔레스(Aristoteles)384~322 B.C.

천구의 회전에 관하여 / 코페르니쿠스(NicolausCopernicus)1473~1543

세가지 법칙 / 요하네스 케플러(Johannes Kepler)1571-1630

피사의 사탑 / 갈릴레오 갈릴레이(Galileo Galilei1564 - 1642

과학 혁명 / 아이작 뉴턴(Isaac Newton)1642-1727

전자기 유도 / 마이클 패러데이(Michael Farada)y1791-1867

전기와 자기 통합 / 제임스 클러크 맥스웰(James Clerk Maxwell)1831-1879

라듐 / 마리 퀴리(Maria Skłodowska-Curie 1867-1934

기적의 해 / 알베르트 아인슈타인(Albert Einstein)1879-1955

코펜하겐 해석 / 닐스 보어(Niels Bohr)1885-1962

PART **IV**

부록

광학 종합 실험장치

1. 소개

기초광학실험에 관한 많은 실험을 할 수 있도록 고안되어 있다.

2. 규격 및 구성

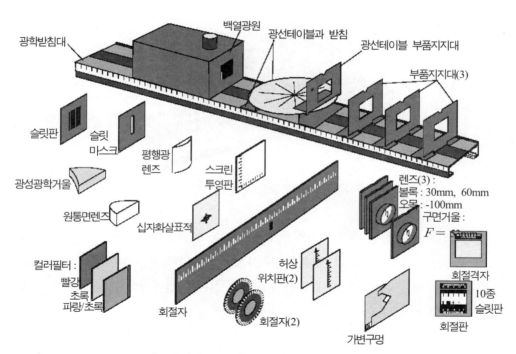

[**그림 1** 광학종합실험장치 구성품]

3. 실험기구 구성 및 소개

① 광학 받침대 : 광원과 부품 지지대, 광선 테이블 받침은 모두 광학 받침대의 자성에 의해 붙는다. 광축을 잘 맞추려면, 받침대의 궤도를 따라 올라와 있는 한쪽 광 축 궤도의 끝에 각 부품들을 꽉 밀착시켜 설치하면 된다.

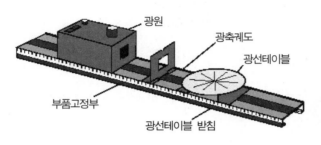

[그림 2 받침대]

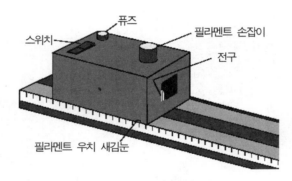

[그림 3 광원 사용 방법]

② 백열광원 : 전구를 켤 때에는 전원을 접지가 있는 교류 220V에 연결하고 광원상자의 위에 있는 스위치를 누른다. 광원상자위의 필라멘트 손잡이는 전구를 옆으로 이동할 수 있도록 해 준다. 상자 아래에 있는 눈금은 전구의 필라멘트 위치를 보여 주므로 실험을 할 때 정확한 길이를 잴 수 있도록 해 준다.

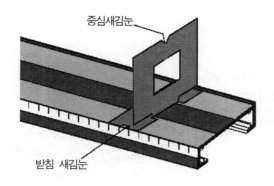

중심새김눈

받침 새김눈

[**그림 4** 지지대 사용법]

③ 부품 지지대 : 3개의 부품 지지대와 광선 테이블과 함께 쓸 수 있는 한 개의 지지대(광학 받침대에 자성에 의해 붙음)가 있다. 각 지지대의 윗부분에 있는 중심 새김 눈은 부품을 지지대의 중심에 놓을 때 이용된다. 지지대의 아래 부분에 있는 받침 새김 눈은 광학 받침대에 새겨진 미터법 자에 의해 정확한 거리를 측정하는 데 쓰인다. 이 받침 새김 눈들은―그리고 역시 부품 지지대 받침의 끝 단은―설치하는 렌즈나 거울의 세로축과 일치하도록 되어있다.

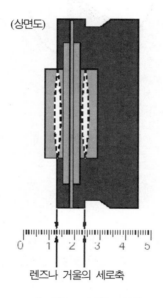

(상면도)

0 1 2 3 4 5

렌즈나 거울의 세로축

[**그림 5** 부품 정렬]

④ 슬릿 판

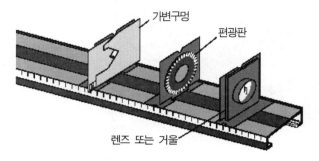

[**그림 6** 부품 지지대 사용법]

⑤ 슬릿마스크 : 하나의 회절 구멍만으로 빛이 지나도록 한다.
⑥ 평행광 렌즈
⑦ 투영 판
⑧ 광선 광학 거울

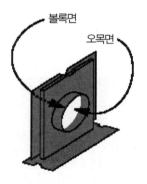

[**그림 7** 구면거울]

⑨ 원통면 렌즈
⑩ 십자화살 표적
⑪ 렌즈(3개) : 초점 거리 75,150,−150 mm
⑫ 구면 거울 : 거울은 양면이 은으로 코팅 되어 있으므로, 어느쪽 면을 사용하느냐에
   따라
⑬ 회절 격자

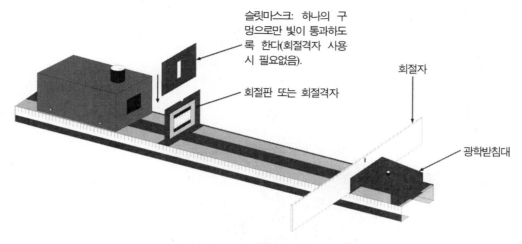

[그림 8 회절실험 설치법]

슬릿마스크: 하나의 구멍으로만 빛이 통과하도록 한다(회절격자 사용 시 필요없음).

회절판 또는 회절격자

회절자

광학받침대

⑭ 회절 판 : 회절 판을 보거나 측정할 때 이곳을 통하여 회절자를 본다.

Pattern	No. Slits	Slit Width (mm)	Slit Spacing center-to-center (mm)
A	1	0.04	
B	1	0.08	
C	1	0.16	
D	2	0.04	0.125
E	2	0.04	0.250
F	2	0.08	0.250
G	10	0.06	0.250
H	2(crossed)		
I	225(Random Circular Apertures (.06 mm dia.)		
J	15×15 Array of Circular Apertures (.06 mm dia.)		

[그림 9 회절판]

⑮ 가변구멍

⑯ 편광 판 : 편광 각은 편광 판의 중심 새김 눈으로부터 잰다.

⑰ 회절자

⑱ 색 필터

⑲ 허상 위치 판

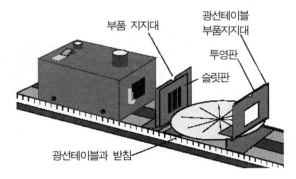

[**그림 10** 기본 광선 광학의 설치]

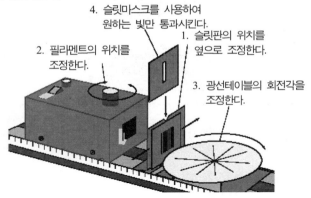

[**그림 11** 단일광선의 설치]

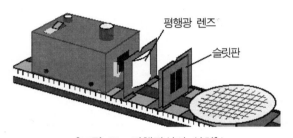

[**그림 12** 평행광선의 설치]

4. 광학종합 실험장치 관련 실험

실험 1 : 반사의 법칙

실험 2 : 평면경에서의 상의 형성

실험 3 : 굴절의 법칙

실험 4 : 도치성

실험 5 : 분산과 전반사

실험 6 : 볼록 렌즈 상과 물체의 관계

실험 7 : 빛과 색

실험 8 : 이중 슬릿에 의한 간섭현상

실험 9 : 편광현상

실험 10 : 원통면 거울에 의한 상

실험 11 : 구면 거울에 의한 상

실험 12 : 원통면 렌즈에 의한 상

실험 13 : 구면 렌즈-구면 수차와 색수차

실험 14 : 회절격자

실험 15 : 단일 슬릿에 의한 회절

실험 16 : 일반 회절 현상

실험 17 : 광학 기기들에 대한 소개

실험 18 : 환등기

실험 19 : 확대기

실험 20 : 망원경

실험 21 : 현미경

바꿈인자표

길이	cm	m	in	ft	mi
1 cm	1	0.01	0.3937	0.03281	6.214×10^{-6}
1 m	100	1	39.37	3.281	6.214×10^{-4}
1 in	2.540	0.0254	1	0.0833	1.578×10^{-5}
1 ft	30.48	0.3048	12	1	1.894×10^{-4}
1 mi	1.69×10^{5}	1609	6.336×10^{4}	5280	1

넓이	cm^2	m^2	in^2	ft^2	a
1 cm^2	1	0.0001	0.155	1.076×10^{-3}	2.6417×10^{-4}
1 m^2	10^4	1	1550	10.76	0.01
1 in^2	6.452	6.452×10^{-4}	1	0.006954	6.452×10^{-6}
1 ft^2	929.0	0.0929	144	1	9.29×10^{-4}
1 a	10^6	100	1.55×10^{5}	1.076×10^{3}	1

부피	cm^3	m^3	in^3	ft^3	gal
1 cm^3	1	10^{-6}	0.06102	3.531×10^{-5}	2.6417×10^{-4}
1 m^3	10^6	1	6.102×10^{4}	35.31	2.6417×10^{2}
1 in^3	16.39	1.639×10^{-5}	1	5.787×10^{-4}	4.329×10^{-3}
1 ft^3	28320	0.02832	1728	1	7.480
1 gal	3.7854×10^{3}	3.7854×10^{-3}	2.31×10^{3}	0.1337	1

질량	g	kg	slug	oz	lb
1 g	1	0.001	6.853×10^{-5}	3.527×10^{-2}	2.205×10^{-3}
1 kg	1000	1	6.853×10^{-2}	35.27	2.205
1 slug	1.459×10^{4}	14.59	1	514.8	32.17
1 oz	28.35	2.835×10^{-2}	1.943×10^{-3}	1	6.259×10^{-2}
1 lb	453.6	0.4536	3.108×10^{-2}	16	1

열전도계수	$kcal/m^2 \cdot h \cdot °C$	$Btu/ft^2 \cdot h \cdot °F$	$J/m^2 \cdot h \cdot °C$	$W/(m^2 \cdot K)$
	1	0.2048	4187	1.163
	4.882	1	2.044×10^{4}	5.678
	2.389×10^{-4}	4.893×10^{-5}	1	2.778×10^{-4}
	0.8598	0.1761	3599	1

압력	kgf/cm²	bar	pa	atm	mH₂O	mHg	lb/in²
1 kgf/cm²	1	0.980665	0.980665E5	0.9678	10.000	0.7356	14.22
1 bar	1.0197	1	10^5	0.9869	10.197	0.7501	14.50
1 pa	1.0197×10^{-5}	10^{-5}	1	0.9869×10^{-5}	1.0197×10^{-4}	7.501×10^{-6}	1.450×10^{-4}
1 atm	1.0332	1.01325	1.01325×10^5	1	10.33	0.760	14.70
1 mH₂O	0.10000	0.09806	9.80665×10^3	0.09678	1	0.07355	10422
1 mHg	1.3595	1.3332	1.332×10^5	1.3158	13.60	1	19.34
1 lb/in²	0.07031	0.06895	6.895×10^3	0.06805	0.7031	0.05171	1

부피 유량	L/s	L/min	m³/s	m³/min	m³/h	ft³/s
1 ℓ/s	1	60	10^{-3}	0.06	3600	0.03532
1 ℓ/min	0.01666	1	1.66666×10^{-5}	10^{-3}	0.06	0.00059
1 m³/s	10^3	6×10^4	1	60	3600	35.31
1 m³/min	16.6666	10^3	1.66666×10^{-2}	1	60	0.5885
1 m³/h	2.77777×10^{-4}	16.666	2.77777×10^{-4}	1.66666×10^{-2}	1	0.00981
1 ft³/s	28.32	1.69833×10^3	2.832×10^{-2}	1.69833	101.9	1

일 에너지 열량	J	kgf·m	kW·h	kcal	fr·lbf	Btu
	1	0.10197	2.778×10^{-7}	2.389×10^{-4}	0.7376	9.480×10^{-4}
	9.807	1	2.724×10^{-6}	2.343×10^{-3}	7.233	9.297×10^{-3}
	3.6E6	3.671×10^5	1	860.0	2.655×10^6	3413
	4186	426.9	1.163×10^{-3}	1	3087	3.968
	1.356	0.1383	3.766×10^{-7}	3.239×10^{-4}	1	1.285×10^{-3}
	1055	107.6	2.930×10^{-4}	0.2520	778.0	1

열 전 도 율	kcal/m·h·℃	Btu/fr·h·℉	W/(m·K)
	1	0.6720	1.163
	1.488	1	1.731
	0.8600	0.5779	1

일률	kW	kgf · m/s	PS	HP	kcal/s	ft · lbf/s	Btu/s
	1	101.97	1.3596	1.3405	0.2389	737.6	0.9480
	9.807×10^{-3}	1	1.333×10^{-2}	1.315×10^{-2}	2343×10^{-3}	7.233	9.297×10^{-3}
	0.7355	75	1	0.9859	0.1757	542.5	0.6973
	0.746	76.07	1.0143	1	0.1782	550.2	0.7072
	4.186	426.09	5.691	5.611	1	3087	3.968
	1.356×10^{-3}	0.1383	1.843×10^{-3}	1.817×10^{-3}	3.239×10^{-4}	1	1.285×10^{-3}
	1.055	107.6	1.434	1.414	0.2520	778.0	1

비열	J/(kg · K)	kcal/(kg · ℃)	Btu/(lb · ℉)
1 J/(kg · K)	1	2.3885×10^{-4}	2.3885×10^{-4}
1 kcal/(kg · ℃)	4.1868×10^{3}	1	2.3885×10^{-4}
1 Btu/(lb · ℉)	4.1868×10^{3}	1	1

길 이

단위	cm	m	in	ft	yd	mile	자(尺)	間	정(町)	里
1 cm	1	0.01	0.3937	0.0328	0.0109	—	0.033	0.0055	0.00009	—
1 m	100	1	39.37	3.2808	1.0936	0.0006	3.3	0.55	0.00917	0.00025
1 in	2.54	0.254	1	0.0833	0.0278	—	0.0838	0.0140	0.0002	—
1 ft	30.48	0.3048	12	1	0.3333	0.00019	1.0058	0.1676	0.0028	—
1 yd	91.438	0.9144	36	3	1	0.0006	3.0175	0.5029	0.0083	0.0002
1 mile	160930	1609.3	63360	5280	1760	1	5310.8	885.12	14.752	0.4098
1 자	30.303	0.303	11.93	0.9942	0.3314	0.0002	1	0.1667	0.0028	0.00008
1 間	181.818	1.818	71.582	5.965	1.9884	0.0011	6	1	0.0167	0.0005
1 정	10909	109.091	4294.9	357.91	119.304	0.0678	360	60	1	0.0278
1 里	392727	3927.27	154619	12885	4295	2.4403	12960	2160	36	1

무 게

단위	g	kg	ton	그레인	온 스	lb	돈	근	관
1 g	1	0.001	0.000001	15.432	0.03527	0.0022	0.26666	0.00166	0.000266
1 kg	1000	1	0.001	15432	33.273	2.20459	266.666	1.6666	0.2666
1 ton	1000000	1000	1	—	35273	2204.59	266666	1666.6	266.666
1 그레인	0.06479	0.00006	—	1	0.00228	0.00014	0.01728	0.00108	0.000017
1 온스	28.3495	0.02835	0.000028	437.4	1	0.06525	7.56	0.0473	0.00756
1 lb	453.592	0.45359	0.00045	7000	16	1	120.96	0.756	0.12096
1 돈	3.75	0.00375	0.000004	57.872	0.1323	0.00827	1	0.00625	0.001
1 근	600	0.6	0.0006	9259.556	21.1647	1.32279	160	1	0.16
1 관	3750	3.75	0.00375	57872	132.28	8.2672	1000	6.25	1

부 피

단위	홉	되	말	cm^3	m^3	L	in^3	ft^3	yd^3	gal
1 홉	1	0.1	0.01	180.39	0.00018	0.18039	11.0041	0.0066	0.00023	0.04765
1 되	10	1	0.1	1803.9	0.00180	1.8039	110.041	0.0637	0.00234	0.47656
1 말	100	10	1	18039	0.01803	18.039	1100.41	0.63707	0.02359	4.76567
1 cm^3	0.00554	0.00055	0.00005	1	0.000001	0.001	0.06102	0.00003	0.00001	0.00026
1 m^3	5543.52	554.325	55.4352	1000000	1	1000	61027	35.3165	1.30820	264.186
1 ℓ	5.54352	0.55435	0.05543	1000	0.001	1	61.027	0.03531	0.00130	0.26418
1 in^3	0.09083	0.00908	0.0091	16.387	0.000016	0.01638	1	0.00057	0.00002	0.00432
1 ft^3	156.966	15.6666	1.56966	28316.8	0.02831	28.3169	1728	1	0.03703	7.48051
1 yd^3	4238.09	423.809	42.3809	7645.11	0.76451	764.511	46656	27	1	201.974
1 gal	20.9833	2.0983	0.20983	3785.43	0.00378	3.78543	231	0.16368	0.00495	1

넓 이

단 위	평방자	평	단보	정보	m²	a(아르)	ft²	yd²	acre
1 평방자	1	0.02778	0.00009	0.000009	0.09182	0.00091	0.98841	0.10982	—
1 평	36	1	0.00333	0.00033	3.3058	0.03305	35.583	3.9537	0.00081
1 단보	10800	300	1	0.1	991.74	9.9174	10674.9	1186.1	0.24506
1 정보	108000	3000	10	1	9917.4	99.174	106794	11861	2.4506
1 m²	10.89	0.3025	0.001008	0.0001	1	0.01	10.764	1.1958	0.00024
1 a	1089	30.25	0.10083	0.01008	100	1	1076.4	119.58	0.02471
1 ft²	1.0117	0.0281	0.00009	0.000009	0.092903	0.000929	1	0.1111	0.000022
1 yd²	9.1055	0.25293	0.00084	0.00008	0.83613	0.00836	9	1	0.000207
1 acre	44071.2	1224.12	0.40806	0.40806	4046.8	40.468	43560	4840	1

온 도

섭씨(℃) → 화씨(℉)	℉ = {(9/5)×℃}+32
화씨(℉) → 섭씨(℃)	℃ = (5/9)×(℉−32)

기초 상수표

물리 상수	기호	계산용 값	값	단위	상대오차 (ppm)
진공중의 빛의 속력	c	3.00×10^8	299 792 458	m/s	exact
진공투자율($4\pi \times 10^{-7}$)	μ_0	1.26×10^{-6}	$1.25663706143 \times 10^{-6}$	N/A^2, H/m	exact
진공유전율	ε_0	8.85×10^{-11}	$8.85418781762 \times 10^{-12}$	F/m	exact
기본 전하량	e	1.60×10^{-19}	$1.60217653 \times 10^{-19}$	C	0.085
전자 질량	m_e	9.11×10^{-31}	$9.1093826 \times 10^{-31}$	kg	0.17
		5.49×10^{-4}	$5.4857990945 \times 10^{-4}$	u	0.00044
양성자 질량	m_p	1.67×10^{-27}	$1.6726171 \times 10^{-27}$	kg	0.17
		1.007	1.00727646688	u	0.00013
	m_p/m_e	1840	1836.15267261		0.00046
중성자질량	m_n	1.68×10^{-27}	$1.67492728 \times 10^{-27}$	kg	0.17
		1.009	1.00866491560	u	0.00055
뮤온 질량	m_μ	1.88×10^{-28}	$1.88353140 \times 10^{-28}$	kg	0.17
수소 원자 질량	m_{1H}	1.0078	1.007825035	u	0.011
헬리움 원자 질량	m_{He}	4.0026	4.0026032	u	0.067
전자의 비전하	$-e/m_e$	-1.76×10^{11}	$-1.75882012 \times 10^{11}$	C/kg	0.086
플랑크 상수	h	6.63×10^{-34}	$6.6260693 \times 10^{-34}$	J s	0.17
		4.14×10^{-15}	$4.13566743 \times 10^{-15}$	eV s	0.085
	$h = h/2\pi$	1.05×10^{-34}	$1.05457168 \times 10^{-34}$		0.17
		6.58×10^{-16}	$6.58211915 \times 10^{-16}$	eV s	0.085
전자 콤프턴 파장	λ_C	2.43×10^{-12}	$2.426310238 \times 10^{-12}$	m	0.0067
몰 기체 상수	R	8.31	8.314472	J/mol K	1.7
아보가드로 상수	N_A	6.02×10^{23}	6.0221415×10^{23}	mol^{-1}	0.17
볼츠만 상수	k	1.38×1010^{-23}	$1.3806505 \times 10^{-23}$	J/K	1.7

부록 D

원소 주기율 표

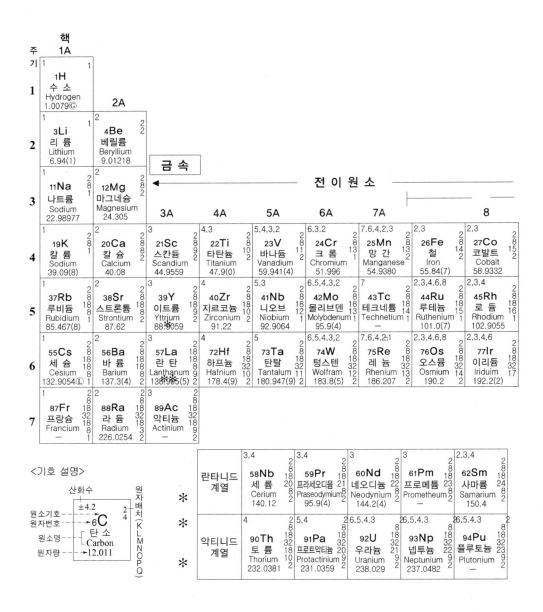

핵

주기

1A	2A		3A	4A	5A	6A	7A	8

1

1
1H
수 소
Hydrogen
1.0079ⓖ

2

1 2
3Li 2 1
리 튬
Lithium
6.94(1)

2 2
4Be 2 2
베릴륨
Beryllium
9.01218

금 속

3

1 2 8 1
11Na
나트륨
Sodium
22.98977

2 2 8 2
12Mg
마그네슘
Magnesium
24.305

전 이 원 소

4

1 2 8 1
19K
칼 륨
Sodium
39.09(8)

2 2 8 2
20Ca
칼 슘
Calcium
40.08

3
21Sc 2 8 9 2
스칸듐
Scandium
44.9559

4,3
22Ti 2 8 10 2
타탄늄
Titanium
47.9(0)

5,4,3,2
23V 2 8 11 2
바나듐
Vanadium
59.941(4)

6,3,2
24Cr 2 8 13 1
크 롬
Chromium
51.996

7,6,4,2,3
25Mn 2 8 13 2
망 간
Manganese
54.9380

2,3
26Fe 2 8 14 2
철
Iron
55.84(7)

2,3
27Co 2 8 15 2
코발트
Cobalt
58.9332

5

1 2 8 18 1
37Rb
루비듐
Rubidium
85.467(8)

2 2 8 18 2
38Sr
스트론튬
Strontium
87.62

3
39Y 2 8 18 9 1
이트륨
Yttrium
88.9059

4
40Zr 2 8 18 10 2
지르코늄
Zirconium
91.22

5,3
41Nb 2 8 18 12 1
니오브
Niobium
92.9064

6,5,4,3,2
42Mo 2 8 18 13 1
몰리브덴
Molybdenum
95.9(4)

7
43Tc 2 8 18 13 1
테크네튬
Technetium
—

2,3,4,6,8
44Ru 2 8 18 15 1
루테늄
Ruthenium
101.0(7)

2,3,4
45Rh 2 8 18 16 1
로 듐
Rhodium
102.9055

6

1 2 8 18 18 1
55Cs
세 슘
Cesium
132.9054ⓛ

2 2 8 18 18 2
56Ba
바 륨
Barium
137.3(4)

3
57La 2 8 18 9 2
란 탄
Lanthanum
138.905(5)

4
72Hf 2 8 18 32 10 2
하프늄
Hafnium
178.4(9)

5
73Ta 2 8 18 32 11 2
탄탈
Tantalum
180.947(9)

6,5,4,3
74W 2 8 18 32 12 2
텅스텐
Wolfram
183.8(5)

7,6,4,2,1
75Re 2 8 18 32 13 2
레 늄
Rhenium
186.207

2,3,4,6,8
76Os 2 8 18 32 14 2
오스뮴
Osmium
190.2

2,3,4,6
77Ir 2 8 18 32 17 2
이리듐
Iridium
192.2(2)

7

1 2 8 18 32 18 1
87Fr
프랑슘
Francium
—

2 2 8 18 32 18 2
88Ra
라 듐
Radium
226.0254

3
89Ac 2 8 18 32 18 2
악티늄
Actinium

〈기호 설명〉

산화수

원소기호 ──→
원자번호 ──→
원소명 ──→
원자량 ──→

±4.2
6C 2 4
탄 소
Carbon
12.011

← 원자배치 (KLMNOPQ)

란타니드 계열					

3,4
58Nb 2 8 18 20 8 2
세 륨
Cerium
140.12

3,4
59Pr 2 8 18 21 8 2
프라세오디뮴
Praseodymium
95.9(4)

3
60Nd 2 8 18 22 8 2
네오디뮴
Neodymium
144.2(4)

3
61Pm 2 8 18 23 8 2
프로메튬
Prometheum
—

2,3,4
62Sm 2 8 18 24 8 2
사마륨
Samarium
150.4

악티니드 계열					

4
90Th 2 8 18 32 18 10 2
토 륨
Thorium
232.0381

5,4
91Pa 2 8 18 32 20 9 2
프로트악티늄
Protactinium
231.0359

2,6,5,4,3
92U 2 8 18 32 21 9 2
우라늄
Uranium
238.029

2,6,5,4,3
93Np 2 8 18 32 22 9 2
넵투늄
Neptunium
237.0482

2,6,5,4,3
94Pu 2 8 18 32 23 8 2
플루토늄
Plutonium
—

반 도 체   비 금 속

					0
					2He 헬 륨 Helium 4.00260 ⓖ (2)

3B	4B	5B	6B	7B	
3 **5B** 붕 소 Boron 10.81 (2,3)	±4.2 **6C** 탄 소 Carbon 12.011 (2,4)	±3,5,4,2 **7N** 질 소 Nitrogen 14.0067 ⓖ (2,5)	−2 **8O** 산 소 Oxygen 15.999(4) ⓖ (2,6)	−1 **9F** 플로오르 Fluorine 18.99840 (2,7)	0 **10Ne** 네 온 Neon 20.17(9) ⓖ (2,8)

1B	2B						

| 3   **13Al** 알루미늄 Aluminum 26.98154 (2,8,3) | 4   **14Si** 규 소 Silicon 28.08(6) (2,8,4) | ±3,4,5   **15P** 인 Phosphorus 30.07376 (2,8,5 18,32) | 6,3,4,−2   **16S** 황 Sulfur 32.06 (2,8,6 18,13) | ±1,4,5,6,7   **17Cl** 염 소 Chlorine 35.453 (2,8,7) | 0   **18Ar** 아르곤 Argon 39.94(8) (2,8) |

| 2,3   **28Ni** 니 켈 Nickel 58.70 (2,8,16) | 2,1   **29Cu** 구 리 Copper 63.54(6) (2,8,18,1) | 2   **30Zn** 아 연 Zine 65.38 (2,8,18) | 2   **31Ga** 갈 륨 Gallium 69.72 (2,8,18,3) | 4   **32Ge** 게르마늄 Germanium 72.5(9) Ⓛ (2,8,18,4) | ±3,5   **33As** 비 소 Arsenic 74.9216 (2,8,18,5) | 6,4,−2   **34Se** 셀 렌 Selenium 78.9(6) (2,8,18,6) | ±1,4,5   **35Br** 브 롬 Bromine 79.904 (2,8,18,7) | 0   **36Kr** 크립톤 Krypton 83.80 ⓖ (2,8,18,8) |

| 3,4   **46Pd** 팔라듐 Palladium 106.4 (2,8,18,18) | 1   **47Ag** 은 Silver 107.868 (2,8,18,18) | 2   **48Cd** 카드뮴 Cadmium 112.40 (2,8,18,18) | 3   **49In** 인 듐 Indium 114.82 (2,8,18,3) | 4,2   **50Sn** 주 석 Tin 118.6(9) (2,8,18,4) | ±3,5   **51Sb** 안티몬 Antimony 121.7(5) (2,8,18,5) | 6,4,−2   **52Te** 텔루륨 Tellurium 127.6(0) (2,8,18,6) | ±1,4,5,7   **53I** 요오드 Iodine 126.9045 (2,8,18,7) | 0   **54Xe** 크세논 Xenon 131.30 ⓖ (2,8,18,8) |

| 2,4   **78Pt** 백 금 Platinum 195.0(9) (2,8,18,32,17,1) | 3,1   **79Au** 금 Gold 196.9665 (2,8,18,32,18,1) | 2,1   **80Hg** 수 은 Mercury 200.5(9)Ⓛ (2,8,18,32,18,2) | 3,1   **81Tl** 탈 륨 Thallium 204.3(7) (2,8,18,32,18,3) | 4,2   **82Pb** 납 L ad 207.2 (2,8,18,32,18,4) | 3,5   **83Bi** 비스무트 Bismuth 208.9804 (2,8,18,32,18,5) | 4,2   **84Po** 폴로늄 Polonium — (2,8,18,32,18,6) | 3   **85At** 아스타틴 Astatine — (2,8,18,32,18,7) | 0   **86Rn** 라 돈 Radon — ⓖ (2,8,18,32,18,8) |

| 3,2   **63Eu** 유로퓸 Europium 151.96 (2,8,18,25,8,2) | 3   **64Gd** 가돌리늄 Gadolinium 157.2(5) (2,8,18,25,9,2) | 3,4   **65Tb** 테르븀 Terbium 158.9254 (2,8,18,27,8,2) | 3   **66Dy** 디스프로슘 Dysprosium 162.5(0) (2,8,18,28,8,2) | 3   **67Ho** 홀 뮴 Holmium 164.9304 (2,8,18,29,8,2) | 3   **68Er** 에르븀 Erbium 167.2(6) (2,8,18,30,8,2) | 3,2   **69Tm** 툴 륨 Thulium 168.9342 (2,8,18,31,8,2) | 3,2   **70Yb** 이테르븀 Ytterbium 173.0(4) (2,8,18,32,8,2) | 0   **71Lu** 루테튬 Lutetium 174.97 (2,8,18,32,9,2) |

| 6,5,4,3   **95Am** 아메리슘 Americium — (2,8,18,32,24,9,2) | 3,1   **96Cm** 큐 륨 Curium — (2,8,18,32,25,9,2) | 4,3   **97Bk** 버클륨 berkelium — (2,8,18,32,26,9,2) | 3   **98Cf** 칼리포르늄 Califomium — (2,8,18,32,28,9,2) | —   **99Es** 아인시타이늄 Einsteinium — (2,8,18,32,29,9,2) | —   **100Fm** 페르뮴 Fermium — (2,8,18,32,30,9,2) | —   **101Md** 멘델레븀 Mendelevium — (2,8,18,32,30,9,2) | —   **102No** 노벨륨 Nobelium — (2,8,18,32,32,9,2) | —   **103Lw** 로렌슘 Lawrencium — (2,8,18,32,32,9,2) |

※ 단, 104 · 105 · 106은 생략했음.

금속의 물리적인 성질

1) 원소

원자 번호 Z와 원소 기호	원소명 (물질명)	밀도 ρ (20°C) [g/cm³]	탄성률 [10¹⁰N/m²=10¹¹ dyn/cm²] Young률 Y	음속 ν [m/s]	선팽창계수 a (0~100°C) [10⁻⁵K⁻¹]	비열 (20°C) [kJ/kg·K]	비열 [cal/g·K]	녹는점 [C]	녹음열 [kJ/kg]	녹음열 [cal/g]	열전도도 (20°C) [10²w/m·K]	열전도도 [cal/cm·s·K]	저항률 ρ (20°C) [10⁻²Ω mm²/m]	저항의 온도계수 [10⁻³k⁻¹]	원자 번호 Z
30 Zn	아연	7.14	9.3	3700	2.62	0.39	0.092	419	112	27	1.1	0.26	5.8	3.7	30
13 Al	알루미늄	2.70	7.0	5100	2.4	0.90	0.21	658	390	93	2.2	0.52	2.7	4.3	13
51 Sb	안티몬	6.67	7.8	3400	1.1	0.21	0.050	630	163	39	0.18	0.042	41.7	4.7	51
92 U	우라늄	18.7	13	–	–	0.12	0.028	1130	57	13.7	–	–	–	–	92
48 Cd	카드뮴	8.64	7.1	2310	3.2	0.23	0.055	321	57	13.7	0.92	0.22	7.46	4.2	48
20 Ca	칼슘	1.55	2.0	–	2.2	0.65	0.16	840	328	79	–	–	4.5	3.3	20
79 Au	금	19.3	8.0	1740	1.4	0.13	0.031	1093	66	15.8	3.0	0.72	2.21	4.0	79
47 Ag	은	10.50	7.9	2610	1.9	0.23	0.056	961	105	25	4.2	1.01	1.59	3.8	47
24 Cr	크롬	7.1	2.5	–	0.85	0.45	0.11	1890	≈300	≈70	0.43	0.10	2.8	–	24
27 Co	코발트	8.8	21	4720	1.3	0.42	0.10	1490	260	62	0.70	0.17	6.8	6.6	27
80 Hg	수은	13.55	–	–	18(체팽창)	0.14	0.033	-38.9	2.8		–	–	95.8	0.89	80
50 Sn	주석	7.31	5.5	2600	2.7	0.13	0.054	232	59	14	0.65	0.16	11.5	4.6	50
74 W	텅스텐	19.3	36	–	0.43	0.13	0.032	3370	≈200	≈50	1.7	0.41	5.51	4.5	74
73 Ta	탄탈	16.6	19	3400	0.65	0.14	0.033	2996	–	–	0.54	0.13	15.5	3.1	73
26 Fe	철	7.86	22	5130	1.2	0.45	0.107	1540	276	66	0.75	0.18	10.5	6.6	26
29 Cu	구리	8.93	12	3560	1.6	0.39	0.092	1083	205	49	3.9	0.93	1.72	3.9	29
11 Na	나트륨	0.97	–	–	7.1	1.25	0.30	98	115	27	1.3	0.31	4.6	5.5	11
82 Pb	연	11.34	1.5	1320	2.9	0.13	0.031	327	24.7	5.9	0.34	0.093	20.7	4.2	82
28 Ni	니켈	8.9	20	4970	1.3	0.45	0.108	1450	300	72	0.70	0.17	7.8	6.7	28
78 Pt	백금	21.37	16.5	2690	0.90	0.13	0.032	1773	110	26	0.71	0.17	10.8	3.8	78
83 Bi	창연	9.8	3.2	1800	1.3	0.12	0.029	271	54	14	0.09	0.021	119	4.5	83
4 Be	베릴륨	1.84	30	–	1.2	1.07	0.40	1350	–	–	1.7	0.40	6.3	0.4	4
12 Mg	마그네슘	1.74	4.4	4600	2.6	1.02	0.25	651	209	50	1.7	0.41	4.6	4.0	12
42 Mo	몰리브덴	10.2	–	–	0.49	0.26	0.062	2620	–	–	1.4	0.33	5.7	4.0	42

2) 합금

											성분중량비
알루미늄청동(5% Al)	8.1	12	-	1.8	0.42	0.10	1060	—	—	0.84	0.20	94.6 Cu,5 Al,0.4Mn
두랄루민	2.8	7.2	-	2.4	0.93	0.22	≈650	—	—	1.6	0.38	3~4Cu, 0.5Mg, 0.25~1 Mn.나머지 Al
주철	7.2~5.7	10	-	1.1	0.50	0.12	≈1200	—	—	0.3~0.5	0.07~0.12	4C까지
인발	8.1	14.5	-	0.20	0.50	0.12	1450	—	—	0.16	0.039	64Fe, 36Ni
놋쇠(황동)	8.4	10.5	-	2.1	0.38	0.091	915	—	—	0.15	0.27	73Cu. 37Zn
양은(18% Ni)	8.7	12~15	-	1.7	0.40	0.096	1100	—	—	0.23	0.055	60Cu, 18Ni, 22Zn
연철	7.6	22	-	-	—	-0.11	-	—	—	0.6	0.14	0.04~0.4C
강철(0.85% C)	7.8	20	-	1.15	0.46	0.091	≈1350	—	—	≈0.45	≈0.11	0.85C
석청동(10% Sn)	8.9	10~12	-	1.9	0.38	0.11	1010	—	—	0.46	0.11	90.75Cu, 8Sn, 0.25P

여러 가지 물질의 굴절률

액체와 광학재료의 굴절률

원소 파장[nm]	Hg 404.66	Hg 435.83	H 468.13	He 587.56	H 656.27	He 706.52
에틸알모올	1.3792	1.3698	1.3662	1.3618	1.3591	1.3585
칼륨암염(시루빈)	1.50994	1.50457	1.49820	1.49033	1.47709	1.48551
암염	1.56664	1.56055	1.55333	1.54437	1.54062	1.53882
광학유리 FK5	1.49894	1.49593	1.49227	1.48749	1.48535	1.48410
BK7	1.53024	1.52669	1.52238	1.51680	1.51432	1.51289
K5	1.53783	1.53338	1.52860	1.52249	1.51982	1.51829
F2	1.65063	1.64202	1.63208	1.62004	1.61503	1.61227
SE10	1.77578	1.67197	1.74648	1.72825	1.72085	1.71682
수정 常광선	1.557061	1.553772	1.549662	1.544289	1.541873	1.540598
異常광선	1.56667	1.56318	1.55896	1.55339	1.55089	1.54957
이황화탄소	1.6934	1.6742	1.64225	1.62804	1.61820	1.6136
피리진	1.5399	1.5313	1.5219	1.5095	1.5050	1.5028
벤젠	1.5318	1.52319	1.51320	1.50155	1.49680	1.4943
방해석 常광선	1.68137	1.67522	1.66786	1.65850	1.65441	1.65228
異常광선	1.49693	1.49417	1.49080	1.48648	1.48462	1.48371
형석 CaF_2	1.4441512	1.439494	1.437297	1.433872	1.432483	1.431778
물	1.342742	1.340201	1.337123	1.333041	1.331151	1.33014

금속의 굴절률 (복소수 굴절률 $n^* = n - ik$의 실수부분 n과 허수부분 k 및 반사율 R[%])

금속	n	k	R [%]
Cu	0.14	3.35	95.6
Ag	0.05	4.09	98.9
Au	0.21	3.24	92.9

금속	n	k	R [%]
Al	0.97	6.0	90.3
Na	0.05	2.48	97.1
K	0.05	1.62	94.3

금속	n	k	R [%]
Hg	1.39	4.32	77.2
Ca	1.25	6.6	89.7

공기(15 ℃, 101.3 kPa)의 굴절률

파장(μm)	− 30 ℃	0 ℃	+ 30 ℃
0.2	38 406	34 187	30 802
0.3	34 522	30 756	27 711
0.4	33 509	29 828	26 875
0.5	33 060	29 428	26 514
0.6	32 824	29 218	26 325
0.7	32 684	29 093	26 213
0.8	32 594	29 013	26 140
0.9	32 533	28 959	26 091
1.0	32 489	27 920	26 056
2.0	32 351	28 797	25 946
3.0	32 326	28 775	25 925
4.0	32 317	28 767	25 918
5.0	32 314	28 763	25 915
6.0	32 311	28 761	25 913
7.0	32 309	28 760	25 912
8.0	32 309	28 759	25 912
9.0	32 308	28 759	25 911
10.0	32 308	28 758	25 911
12.0	32 307	28 758	25 910
14.0	32 307	28 757	25 910
16.0	32 306	28 757	25 910
18.0	32 306	28 757	25 910
20.0	32 306	28 757	25 910
∞	32 305.7	28 756.5	25 909.2

대학 기초 물리학실험 II

초판 인쇄 | 2021년 08월 25일
초판 발행 | 2021년 08월 30일

지은이 | 황성태 · 김상현
펴낸이 | 조승식
펴낸곳 | (주)도서출판 북스힐

등 록 | 1998년 7월 28일 제22-457호
주 소 | 서울시 강북구 한천로 153길 17
전 화 | (02) 994-0071
팩 스 | (02) 994-0073

홈페이지 | www.bookshill.com
이메일 | bookshill@bookshill.com

정가 14,000원

ISBN 979-11-5971-376-7

* 저작권법에 의해 보호를 받는 저작물이므로 무단 복제 및 무단 전재를 금합니다.
* 잘못된 책은 구입하신 서점에서 교환해 드립니다.

* 본 저서는 한성대학교 교내연구비 지원 관제임